- 30岁不是女人的顿号，从现在开始爱上自己不算晚
- 优雅一定是30岁女人的专利，情调比美丽更蛊惑，气质永远不会长皱纹

30几岁，才开始女人的二度成长
30几岁，女人的美丽才刚刚开始……

30几岁的女人美丽箴言

迈过**30岁**的人生，**女人**开始步出热烈、灿烂的青春季节
散发出年轻时期所欠缺的**成熟韵致**……

赵丽蓉◎编著
ZhaolirongBianzhu

当代世界出版社

图书在版编目（CIP）数据

30几岁的女人美丽箴言／赵丽蓉编著. —北京：
当代世界出版社,2010. 1
ISBN 978-7-5090-0587-3

Ⅰ.①3… Ⅱ.①赵… Ⅲ.①女性—修养—通俗读物
Ⅳ.①B825-49

中国版本图书馆 CIP 数据核字（2009）第 210578 号

30 几岁的女人美丽箴言

出版发行:当代世界出版社
地　　址:北京市复兴路 4 号(100860)
网　　址:http://www. worldpress. com. cn
编务电话:(010)83908403
发行电话:(010)83908410(传真)
　　　　　(010)83908408
　　　　　(010)83908409
经　　销:全国新华书店
印　　刷:北京金秋豪印刷有限责任公司
开　　本:880×1010 毫米　1/16
印　　张:18.75
字　　数:300 千字
版　　次:2010 年 1 月第 1 版
印　　次:2010 年 1 月第 1 次印刷
书　　号:ISBN 978-7-5090-0587-3
定　　价:30.00 元

序 30岁开始的二度成长

有人说,30岁的女人是一道独特的风景,既风情万种,又有点自卑、困惑。这话没错。30岁的女人散发出少女时期所欠缺的成熟韵味,眼角已爬上了些许细碎的皱纹和岁月的沧桑。曾看过陈染的一部名为《女人没有岸》的书,字里行间透出一种深深的孤独和沉沉的疲惫。是啊,在生活的海洋里,女人的岸在哪里?

其实,无需找、也不必找,只要我们生命的每一个阶段都不要空白就好。这样,再度起程时,脚下的路将越走越扎实、越自然。与其坐而忧怨,不如调试好心态,完善自我,提高自己。岁月易逝并不可怕,可怕的是心态的老化,如果心态"未老先衰",女人就更加难以抵挡如水流逝的岁月。

每个女人都曾经在不经意间走过了烂漫的年少,走过了张扬的青春,曾经的记忆里,生日是一个令人心仪的日子,漂亮的礼物、香甜的蛋糕、朋友的祝福、长辈的期许、对未来的美好憧憬……而当30岁的生日真的走近时,第一次有了想要逃离的企图与冲动。一霎那,所有那些关于爱情、友情,关于容颜、精神,关于真实、虚伪,关于快乐、痛苦的往事,都化作了感慨与惆怅。回一回首，终于明白这一路走来已在不知不觉中告别了懵懂和幼稚、摒弃了浮躁与张扬，在对家人日复一日的牵挂与责任中、在"家中有儿初长成"的欢欣和喜悦中，终于明白再浪漫的爱情终将归于平淡，爱情其实早已融入对家庭的亲情、对父母和孩子的牵挂与责任中。真爱其实就融化在平淡的生活中，想到此我心坦然、笃定。

迈过30岁的人生，终于能够坦然面对邻家小妹不是叫你姐姐而不是叫你阿姨的尴尬；迈过30岁的人生，终于知道你不再只是父母兄长宠爱的中心，你更要担负为人妻、为人母的责任；迈过30岁的人生，看着镜中自己不再年轻的容颜，明白青春的脚步已渐行渐远，懂得绚烂的花期在转眼间已悄然枯萎，终于知道女人更应好好善待自己。迈过30岁的人生，才知道走到了人生的分水岭，才产生了一种心静如水的感觉和前途未卜的惆怅，才会平平淡淡地面对接下来一个个人生命题。

女人30，已走了很远很远，肩上的分量很重很重，学会了默默地认可现实和梦想的差距。该有的似乎已经拥有，不该有的不再强求，对飘忽灿烂的海市蜃楼，已失去了瞩望的兴趣。

女人30，习惯于化淡妆，着素雅的衣服，步履稳健而从容。更喜欢置身于静静的居室，恬静地看着孩子渐渐拉长的身影和夫君略有变形的体态，把所有的精力、诗情、爱意，都转化为有关柴米油盐的现实的操劳，任窗外的马路上车来车往，任室内的丁香花舒展凋落，一心构筑家庭的"三角架"……

30岁的女人，喜欢在如水的夜里等待一切归于沉寂，捧一杯清茶或咖啡静立于窗前，细数不为人知的心事；抑或在舒缓的音乐里，在键盘上敲击几行感动自己内心的文字。

30岁的女人，偶与三四女友相聚，孩子和夫君是主要话题，琐碎至一把盐，一双袜子和首饰的成色。兴来结伴逛街，偶而也会述及少女时放浪青春的鲁莽，却没有了那种一吐为快的酣畅淋漓，往往把最隐秘的部分留在深夜里独自回味或感伤。

30岁的女人，因为太熟悉自己、家庭和按部就班的生活，有时候感到生活乏味，会莫名其妙地发火却很少在人前流泪。

30岁的女人，在不知不觉中学会把握自己、把握孩子、把握夫君、喜欢在恒定、规范、秘而不宣的情况下默默地爱；希望了解别人，更愿意别人理解自己，同时也尽量包严自己，善于暗暗地与外面的世界沟通信息。

30岁的女人，已习惯谨小慎微的举止，已习惯在交错纷呈的斑马线前犹豫，已习惯坦然面对大街上各种内容的目光，已习惯与男人对视讲话，已习惯在各种现代和古典的潮汐中稳如磐石，已习惯孩子的惹祸、丈夫的猜忌，已不再刻意追求百分百的"回头率"。女人30岁才成熟、才明白，女人不是因为美丽而自信，而是因为自信才分外美丽。

迈过了30岁的人生，女人开始慢慢步出热烈、灿烂的青春季节。这时的女人，身心从一种淡然、从容、柔和的氛围中真正领悟了"去留无意、闲看庭前花开花落；宠辱不惊、漫随天际云卷云舒"的意境，不再有年少时的"为赋新词强说愁"。这时的女人更像一杯清茶，"落花无言，人淡如菊"，煎茶闻香，养心颐性。30岁的女人学会了简单地活着，善良、率直、坦荡，她们有时间和心情去品评人生的百味，享受人生的乐趣。少而又少的出头露面换来的是心灵的清净，对人生、对社会的宽容和豁达，得到的是自己内心的宁静和有条不紊。知道只有好好爱自己、善待自己，才会赢得别人的尊重与认可，在爱别人时才不会迷失自己，知道有时候放手，恰恰是对爱最好的成全。淡然的女人对工作和事业努力着，兢兢业业着，但不忘乎所以，拒绝练就那种江湖油滑的性格和八面玲珑的世故。女强人不是她们所刻意追求的，因为她们知道，人生需要执著与坚持，但更重要的还是随缘。淡然的女人就是这样在世事的牵累、终日的忙碌中，偷出空闲，修饰自己、滋养自己，用自己淡然的心境去呵护那可长可短的秀发，呈现出来的是清晨阳光般的笑容、端庄的气度、深厚的内涵。

迈过30岁的人生，青春的脚步渐行渐远，新年的钟声隐约传来，走在冬日暖暖的阳光里，30岁的女人如菊花般悄然绽放。

目 录

30 几岁的女人美丽箴言

目　录

第八章　从现在开始爱上你自己，不算晚

第九章　现在的你必须要「理财有道」了

均衡饮食

补充
维生素

睡眠充足

30 几岁的女人美丽箴言

第十章　心态归于平和,才能快乐生活

目　录

第一章　女人30 一枝花

30 几岁是个充满困惑的年纪，追忆已经逝去的年轻岁月似乎成了一种习惯，感觉青春和美丽离自己越来越远，感叹岁月催人老。其实，年轻和美丽的感觉都是自己给的，只要你想，随时能够实现。你只要做到两点就可以：赏心悦目。悦目，就是要保持自己的外形之美；赏心，就需要散发出一种内在的来自于心灵的光芒。心态好能给美以力量，没有力量的美是短暂的。只有用心诠释出的美，才是永恒的！

每个女人的梳妆台前都有一面魔镜，只要你自信地看待自己，并且每天告诉自己，你是一个美丽的女人，你会发现，别人也同样会用这样的眼光来看你！

·30 岁，美丽刚刚开始·

🌺 30 岁女人的当务之急就是抓紧时间完善自己，并且爱上自己

当女人迈进 30 岁之后，开始对自己的年龄耿耿于怀，总觉得自己老啦！不知从什么时候起，不再说自己是女孩而说自己是女人；不再羡慕身边女孩子的漂亮而是羡慕她们的年轻。总是感慨日子为什么就这样不知不觉间过去，连青春的痕迹都不肯遗留。

其实羡慕别人就是在浪费时间。与其羡慕别人，不如完善自己。20 岁

固然美丽，因为青春是美丽最合身的衣饰和最好的化妆品，但是，30有30的美丽之处。其实，每个阶段的快乐是不一样的。20岁时，你拥有青春和健康，但30岁时，你可以拥有智慧和风情。关键是要懂得好好把握自己。**女人，无论在什么阶段，都要学会喜欢现在的自己。**

不要再羡慕别人，不要再感叹青春易逝，要敢于大声地告诉自己：我30多了，但是我的美丽才刚刚开始！

只要你告诉自己你很美，你就真的很美！当你坚信自己很美的时候，你会因为自信而抬头挺胸；你会活得更加意气风发，这时候，你就会变得很迷人，大家见到你时，会说：她虽然不是标准的美女，但是她看上去真的很美。**美丽是自己给的，这句话一点不假。**

33岁的遥遥是个普普通通的女孩子，相貌一般，身材也一般，她不是大家眼里的美女。28岁的青青应该是个标准的美女，走到哪里都特别受欢迎。当很多女孩都将羡慕的眼光投向青青的时候，遥遥没有去羡慕青青，因为她觉得那是在浪费时间，33岁的时光已经不能再随意挥洒了；而且遥遥觉得在羡慕别人的时候难免会生出嫉妒之情，而嫉妒会让一个女人变得像女巫一样丑陋。

于是，遥遥开始一有时间就为自己充电，她经常去书店买一些图书，开始学习如何做一个特别的女孩子。她一直觉得美丽的女孩子太多了，但没什么特点很快就会被大家看腻，就像是再好吃的糖果，吃多了谁不腻啊。她认为有自己的个性、有自己的思想才是个可以长久美丽的女孩。她也会经常上网，经营博客，与博友们谈诗论画，她觉得这样会让自己看上去更像个大家闺秀。

当然，她也会适时地为自己的皮肤做做保养，让自己看上去清爽而简洁；她也会为自己买一些实用而大方的衣服，让自己的装束随意而自然，这样才更加随和而充满亲和力。

渐渐地，很多人开始把目光转向遥遥，大家都说她是个很耐看、很经得住品味的女孩，看上去总是那么特别。

更加让人没有想到的是，青青的男朋友后来居然成了遥遥的老公，听起来也许有些不可思议，但是，这是真的，因为遥遥的老公说过：比起漂亮的女孩，我更喜欢美丽而特别的女孩子。

看来，33岁的遥遥是个成功的女人。美丽不是一种遥不可及的东西，它一直就在那里等着你，只要你别浪费时间，别盲目地用眼光追随别人，你也可以和遥遥一样，拥有自己独特的美丽。

美丽是一种优雅的魅力，和年龄无关

我曾经见过一位老太太，她很美丽，68岁了，开着一家丝巾店，店名叫"万紫千红"，一个很美丽很动听的名字。

老太太穿着时尚。夏天休闲短裤，白的黑的T恤或针织衫；春秋时节，无领羊毛衫一定要配上不同色系的丝巾，既文雅又大方；冬天，墨绿色的羽绒服配带一顶乳白色的贝蕾帽，是那么阳光又健康。你一点也不觉得这个老太太矫情或做作，你会感叹她充满了青春的力量，她是那么有魅力。在68岁的年龄，却让20多岁的年轻人羡慕不已。

还有她的谈吐、思想、精神，无论从哪方面看，她都不像一个68岁的老人。每次在街上见到她，我都会心动和感慨。

她开店10年了，在我们这里小有名气。

她不仅开店，还当业余演员。她还练瑜伽，还是老年模特队的队员。

很多在她店里买东西的女人，后来慢慢地都成了她的朋友。她的店开在哪里，那些女人就跟到哪里。

她用自己的行动昭示:女人的魅力究竟是什么?

我也常问自己:女人的美丽究竟是什么? 当我们还年轻时,这个问题似乎并不需要太明晰的答案。20 岁时,青春无敌,怎么看怎么美丽,年轻就是一切。穿错了衣服出门都可以理直气壮地说,这就是时尚。

可是,10 年以后,20 年以后呢?

有时我们不敢想。时间和年龄仿佛是女人的天敌。等皱纹慢慢爬上眼角,等家庭和孩子的责任慢慢压上肩头,我们还有勇气说,我很美丽吗?我是一个有魅力的女人吗?

然而,这个 68 岁的老人,没有人觉得她老了,她的心是年轻的,她的精神是年轻的,她的行动是年轻的。她浑身都散发着一种魅力,那种美是一种风度、一种味道,在优雅从容中慢慢地散发着成熟的魅力。

❀ 美丽可以和阅历一样成正比

其实,当一个女人足够自信,足够知道关爱自己时,她的美丽可以和阅历一样成正比。美丽是一种从容的心态,是一种经历了时间历练而沉淀下来的气质。它和年龄无关,而是取决于态度。这个世界上美丽的女人多的是,但很多不过是同白开水一样寡淡无味,而真正美丽的女人不一样,她是红酒,越陈越醇香。

就像那个老太太。

再过 10 年、20 年,我们能否像她一样,是一个笑容明亮,不为自己的体形烦恼,可以穿着自己喜欢的衣服吸引大家目光的女人吗?

我们还是否能像她一样,可以在这个选择多多的世界里一直坚持自己的理想,坚持自己想要的东西,从容地为生活找到平衡吗?

我们还能否自信？能否健康？能否快乐和阳光？

我想会的。因为我们身边就有这样的女人。这个漂亮的老太太，就是我们的榜样。

她让我们明白：美丽是一种态度，一种从容、自信的态度。只要我们坚持做一个能够把握自己人生的女人，无论岁月如何流逝，我们终究可以成为一个充满魅力的女人。

68岁的女人都可以如此美丽，30几岁的女人有什么不可以呢？

有一句话说得很好：女人不是因为美丽才可爱，而是因为可爱而美丽。

这份可爱，和年龄无关、和长相无关，更和矫揉造作无关。

像著名主持人张越，像才女洪晃，她们不漂亮却很美丽，不仅男人喜欢，女人也钦慕呢！

快来看看这些美丽的30多岁女人吧：台湾艺人林心如和徐若口，尽管年过30，但是她们两位从来不避讳自己的年龄，只是用不同的风格展示自己所属年龄段的美。她们认为30岁的女人要抓住青春的尾巴，就要像调制一杯鸡尾酒那样，只有用心，才能调制出属于自己的味道。其实，经过30年修炼的女人，只要稍加努力，几乎个个都能成精。36岁仍玩性感的莫文蔚、38岁仍占着"世界第一美女"称号的凯瑟琳·泽塔琼斯……这些资深美女与不知天高地厚、张牙舞爪的小美女相比，有着更炉火纯青的可怕杀伤力。

所以，姐妹们，30岁一点都不可怕，因为我们的美丽才刚刚开始！

·美丽的女人一定是勤快的·

🌸 别让无休止的家务把校花变成黄脸婆

欣欣有一天突然哭着跑到我家，一把鼻涕一把泪地说："我老公那个浑蛋，居然说我是黄脸婆，你知道的，当年在大学我可是校花，多少人拜倒在我的石榴裙下，我眼睛都不眨巴一下，本小姐根本看不上。后来，稀里糊涂被他死不回头的诚意感动，便'下嫁'于他，可是他现在居然这样对我！"我看着哭成泪人的欣欣，忽然间，觉得漂亮真的是一件很容易被岁月侵蚀的东西，再漂亮的脸蛋也经不住时间的考验。

我说："欣欣，你知道吗？你现在俨然就是个怨妇，没有男人能受得了一个怨妇。何况，你不能永远是校花，他也不可能永远是王子，这个世界变化太快，所以，你要让自己有一双侍女的脚，让自己的脚步随着变化动起来，勤快才能维持美丽！"

欣欣眼睛瞪得溜圆："你知道我在家里多勤快吗？没有我做的家务，洗衣做饭，带孩子，里里外外，离得开我吗？你看看我的手，都生出老茧了。你说我容易吗？为了这个家，我哪还有时间打理自己啊，每次洗完脸，用宝宝霜胡乱涂在脸上就完事，保养对我来说是件奢侈的事，这几年我一次美容院都没去过，也没用过任何高档化妆品，更没有为自己购置过一件像样的衣服，忙得连吃饭都没规律了，身材也开始走形了，你说，我还不够勤快吗？"

看着脸色灰暗、身材臃肿的欣欣,我真的开始为她着急了!欣欣犯了两个致命的错误:一是为自己不再美丽找借口;二是错误理解了"勤快"的意义。

30岁的女人大都已步入婚姻的殿堂,生活的重心开始倾向老公、孩子。她们把大部分的精力都放在家庭中,而忽视了自己的保养问题。忙忙碌碌到头来,老公不但不领情,还认为你不再像以前那么美丽了,越来越庸俗,越来越像个怨妇,也越来越没品位,所以,这样的勤快是得不偿失的。

✿ 时间是自己给的

爱美是每个女人的天性。可是,生活的操劳却让美丽一天天远离。曾经顾盼生辉的双眸、面若桃花的脸颊、润泽饱满的双唇早已消逝在记忆中。很多30多岁的女人也想重拾昔日的美丽,可是很快就会被"我太忙,还得照顾老公和孩子,没时间"、"我不懂怎么去做"、或者"我本来就丑,再保养也没有用"等当做借口而打消寻回美丽的念头。

赶紧抛开这些讨厌的借口,现在就开始勤快起来,抓住美丽的尾巴,否则它真的会逃走的。人生如此短暂,30岁不抓紧时间,那还等什么时候啊?

需要强调的是,这里说的"勤快",不是欣欣那种"家庭妇女"式的勤快,我要说的勤快,是女人对美丽不懈追求的脚步。

有一句话总是被许多美丽女人挂在嘴边上:这个世界上没有丑女人,只有懒女人。但是很多30多岁的女人总是以"太麻烦"、"没时间"或者"没钱"为借口,终于"成功"地把自己从"懒女人"变成"丑女人"。现在,心疼在自己的美容保养上花钱的女人很多。那些总是把保养和买衣服的时间，投资到另外"更有用"的事情上的女人们，应该知道，外貌的投资也是你人生成功投资的一部分，外貌是社会成功的通行证。美女有些时候会享有你无法想象的特权，所以，勤快些，为自己的容貌花些时间吧！

不要再没日没夜地围着锅台转了，不要在自己的脸上涂抹廉价的化妆品了，也不要在出门的时候随便套一件没有品位的衣服就草草完事了，更不要让自己在老公面前蓬头垢面了。给自己画一点淡淡的妆容吧，让自己像雨后蔷薇一样清新绽放吧！

时间就像海绵里的水，只要你挤，怎么都会有的。家庭的琐事再多，只要合理安排，还是可以给自己留出一些富余时间的。这时候，可以去发廊为自己做一个时下流行的发型，做做保养，让头发看上去干净亮泽；也可以去商场，为自己购置几件合体的衣服，是不是名牌不重要，重要的是适合自己，能穿出自己的个性和气质；别忘了面部的保养，护肤品一定要买正牌的，面子问题很重要，千万别为了省钱而买一些伪劣产品，如果"毁容"，那可是花重金都无法挽回的啊！30 几岁的女人，眼霜很重要，女人的眼睛老得很快，所以，一定要注意！

一个礼拜，最少做两三次面膜，根据自己的肤质而定，拿不准时可以咨询一下美容师。

30 几岁的女人身材很容易发福，但不可盲目减肥，饮食一定要规律，运动是关键，瑜伽是个不错的选择，有时间也可以做做香薰浴什么的。

如果你能够按以上建议坚持打理自己，你很快就会发现别人会用一种不一样的赞许的眼光看待自己，这时你会自然而然地认为自己是个美丽的人，也就会变得更加自信。有一颗美丽自信的心比什么都重要。

🌹 勤快的女人，能让自己和家庭都变得熠熠生辉

我的一个老师，50多岁，但依然有一张白皙精致的脸，这么多年来，她坚持每周都做一次按摩和美容面膜，平时也经常做脸部清洁，对皮肤的保养颇为用心。她总是说："减肥是一生的事情，只有懒女人才会长肥肉。"不要以为她是一个只顾自己而不顾家庭的人，事实上，她比任何人都会打理家人的生活。

大家一定要问了，你不是说女人不能为了家庭而忽视自己吗？现在怎么又说打理家人也很重要？其实，我并没有说女人只该对自己好，对家庭不管不顾，我只是不希望女人在30岁之后全身心地投入家庭而无视自己，其实自己和家庭完全可以兼顾的！**一个能干的女人，在料理家庭的同时，完全可以游刃有余地打理自己的美丽。**

所以，自己做一个美丽的女人同时，不要忘了美丽自己的家人。老公和孩子也是你做一个美丽女人必不可少的衡量标准。一家人外出时，老公和孩子的衣着打扮就是你的一张脸，无论如何你都不会希望衣着鲜艳貌美如花的你的身旁，走着一个穿衣没有品位、邋里邋遢的男人和一个脏了吧唧的孩子，我相信，如果有哪个女人碰到这种情况，不要说遇到熟人，就是谁都不认识，也恨不得找个地缝钻进去。所以，在美丽自己的同时，不要忘了打理好自己的家人，让他们和你一样美丽。

家是一个可以让你得到充分休息的地方，它的美丽一样不可小觑。在外边累了一天了，回到家里不仅可以放松身体，还可以放松心灵。可是，如果一进门，家里乱得坐不能坐、躺不能躺，心情怎么可能好起来？记得曾看过一句话：看一个女人是不是美丽干净，不是看她的客厅，而是看她的厨房和卫生间。由此看来，一个女人的美丽，不仅要看她的外表，还要看一看她的家。

总之，３０几岁的女人不能光想着家庭，一定要对自己好一点，你善待自己，别人才会善待你；你把美丽留给自己，就等于把爱留给自己。想想看：你一味地为家庭付出而不顾及自己的容貌，老公依然会说你是黄脸婆；若你不光能打理好自己，还能料理好家庭，给老公一个美丽的你，他怎能不更加疼爱你呢？

·尽量让容颜年轻、再年轻·

你对你的容貌付出了几分，它就会给你加倍的回报

谁都希望自己永远拥有一张 18 岁的脸，每个女人都希望别人看到自己后说的第一句话就是：你看上去真年轻。这句话可能比送她一辆法拉利跑车更能让她欣喜若狂。

可是，青春是最容易被时间带走的东西。就在不经意间，皱纹已爬上了脸，尤其是步入 30 岁之后，衰老开始进入议事日程。但是，３０岁仅仅是衰老的起步期，一切还没有成定局，所以，现在开始容颜的保养护理还是来得及的！

对女人来说，保养是如此重要。一个美容专家说：从什么年龄阶段开始保养，肌肤年龄停留在这个阶段的时间就越长。３０岁是女人年龄上的分水岭，好像昨天还青春逼人，今天就已"年老色衰"，被无情地归于"老女人"了。的确，女人从３０岁左右起，无论是身体机能还是皮肤细胞的新陈代谢，都开始走下坡路。这时候，皮肤的保养和修复就至关重要了，如果保养合理就可以让自己容颜的时间机器减慢，否则就会造成永久的

衰老痕迹,难以恢复。

留住年轻,首先要对抗的就是皱纹。我的一个 36 岁的朋友说,如果上帝能拿走她的皱纹,她愿意用生命来交换。这话听起来有点夸张,但是,从中却可以真切地看出女人对皱纹是多么的恐惧。

可惜有的女人没有及时认识到这一点,总觉得衰老离自己还很遥远,依旧把自己当 18 岁的少女般素面朝天,等有一天发现眼角纹越来越深的时候,已经晚了。

倩倩和小鱼都是刚满 30 岁的白领,倩倩是那种比较显老的长相,皮肤比较薄,特别容易长皱纹,所以她一直就很在意自己的面部保养问题。小鱼长着一张娃娃脸,而且她的眼睛结构比较厚,不太容易长皱纹,因而她也总是觉得自己本来长得就显年轻,不急着保养,所以也就听之任之了,加之大家见了小鱼总是说:小鱼真好,怎么总不见老啊? 这更使得小鱼觉得自己天生就是不会老的类型。

在各奔东西的三年后,大家又聚到了一起,见到倩倩和小鱼,大家都很意外。倩倩看上去竟然比小鱼年轻好几岁,倩倩皮肤粉嫩得像个婴儿,明眸生辉,一丝皱纹都没有;而大家记忆中永远年轻的小鱼却脸色暗沉,皱纹横生。交谈后得知,倩倩这几年一直都没有间断地做各种保养;而小鱼对自己的皮肤和容貌一直都是自信到淡然处之,终于落到如今的不可收拾。

看来,真的像人们说的一样:你对你的容貌付出了几分,它就会给你加倍的回报。

🔥 现在就开始保养护理

最先出现皱纹的地方是眼睛,这是因为眼部四周的皮肤是最纤弱的,

并且水分很容易散发，因此容易产生皱纹。 戴隐形眼镜，经常仰起头看东西或眯眼，都容易使眼角部分出现皱纹，而经常揉眼或以不正确的方法涂眼霜也是引致眼角出现鱼尾纹的原因。为了避免眼部出现皱纹，首先要有规律地生活起居，有秩序地工作和休息，加上适度的营养、充足的睡眠、合理的运动等。如果是在烈日炎炎的夏日，配戴合适的墨镜是必不可少的。

不论你现在眼部是否已有皱纹，都应该坚持每日护理眼部。选购眼霜时，要注意季节性，只适合冬天涂的眼霜，夏天是绝对不适合的，最好多购一瓶防紫外线的眼霜用于烈日炎炎的夏日。无论天气多炎热或者寒风多凛冽，眼霜是每日不可缺少的。

用眼部保养品要一步一步来，别一上来就用很贵的，很多大品牌都是根据年龄划分的，贵的未必适合你，而不合适的产品只会加速眼睛的衰老。30岁的女人不能用太清爽、也不适合太油腻的，应该用介于这两者之间的产品。

脸部护理不需要太复杂，记得经常清洁肌肤很关键。 有些女性因为太疲劳而不愿意卸妆，于是带着一层面具入睡。如果有这样的习惯，切记要改正。除了坚持每天早晚的洁肤外，补水、防晒也是护理日程表上必不可少的。30岁以后肌肤的弹性降低，皮肤松弛的痕迹很明显，可以坚持使用一些具有紧肤功能的护理品。另外值得注意的是，在这个年龄段的护理里，千万避免使用酒精成分含量过高的爽肤水，因为这样会导致皮肤失去所需的油脂；沐浴后应该习惯性地使用身体护理乳液，增加肌肤所需的水分。

重要的是，最好别画浓妆，否则会破坏肌肤原本的结构。这个年龄段，关键是要做好基础护理，因为只有为肌肤打好基础，才能在未来的日

子里做个浓妆淡抹总相宜的美丽女人！

嘴唇经常保持润泽就可以；鼻子若长黑头，可以用一些吸黑头的产品。

头发护理不容忽视。走在街头，经常可以看到有些女人的头发在光照下熠熠生辉；而有些女人却顶着一头沉闷的枯草。头发的美丑也是很重要的。

头发一定要保持清洁，但也不能频繁洗头，两天一次最好。洗发前最好用梳子梳理一下头发，洗发时水温最好是40度左右，洗完后要将头发冲洗得很干净。最好别用吹风机吹头发，尽量让它自然风干。

我见过很多女人的发型看上去是很不错的，但是不知道为什么，就是感觉与她本人的气质很不相称，所以选择适合自己的发型是十分重要的。别盲目模仿明星的发型，如果不适合自己再漂亮也是没用的。适合自己的才是最美的，这是永远的真理。

30岁的女人千万别像20岁的大学生一样，睡起来后不管不顾地顶着一头乱七八糟的头发就仓皇出门，一定要花几分钟把周身上下打理好，否则会让人大跌眼镜。

健康的生活习惯最重要，都说女人是水做的，早起空腹喝一杯白开水，可以帮助你排除一夜的毒素。

你30多岁了，但是，这并不表示你不再年轻了。年轻的容颜是保养出来的，只要你善于经营你的美丽，你完全可以年轻、再年轻一些……

·瘦，绝对不是全部的畅销元素·

瘦，就一定是美吗？

　　女人的身材问题一直就是个老得不能再老的命题。我们经常能看到一些女人为了减肥，节食、绑保鲜膜、吃泻药……为了瘦身几乎达到疯狂的地步，完全不在乎是否会影响身体健康。而且，一些本身不算胖的人也在拼命地减肥。正像有人说的，"现在的女人得了恐肥症"。其实，好身材没有什么严格的标准，谁说瘦就一定美？胖不一定不美了？**不管胖瘦都可以美丽，体态才是最重要的，体态是你最好的装饰品**。先天的身材条件是不好改变的，我们一定要正视这一点。我们应该以平和的心态进行训练、调整，不要制定太高的、不可能达到的目标，不要自己跟自己过不去，我们每一个人都能在自己先天的自然条件基础上，寻找到属于自己的最佳体态。

　　在人人争当"清汤排骨"的时代，"粉蒸肉"已经越来越少，全是人为的功劳。服装店里的韩版服装越来越多，窄小的尺寸绝对挑战女人的腰身，连衣服都变得挑剔，一个"瘦"字似乎代表了女人所有的美。盈盈不足一握的纤腰弱腕，几乎成了"仙女"的代名词。明白了这一点之后更加可以理解：为何病恹恹的林黛玉如此受后世人的追捧，谁让人家瘦得可怜呢？

　　古代言情小说中，常有描写挑选女人的准则：女人分中看的和中用的两类。中看不一定中用，中用不一定中看。中看的有"三宜"：宜瘦不宜肥，宜小不宜大，宜娇怯不宜强健；中用的恰好相反：宜肥不宜瘦，宜大不宜

第一章 女人 30 一枝花

015

小，宜强健不宜娇怯。

这是典型的男人的眼光：美女是用来欣赏的，未必是用来过日子的。结婚前，可以你瞧我看，结婚后，必然你拥我抱，睡在一张床上，黑暗中，谁也不想天天搂着一块石板。一天二十四小时，除去上班，一对夫妻大部分时间都在床上度过，中用的确比中看来得实惠。但是为什么那么多成功男士不娶窈窕美女为妻，却让相貌平凡、身材丰硕的女人相伴枕席？

❀ 关键要看你的姿态是否美丽

结婚前，可以瘦一点，结婚后，尽量胖一些。身体是本钱，不光老人认这个道理，男人也是一样。想嫁到好男人，不一定非要让自己变得更美，可以让自己变得更畅销。**瘦，绝对不是全部的畅销元素。**

世界上没有一件绝对的事情，胖与瘦也是一样，无论胖瘦，关键是你的姿态是否美丽。有的女人虽然瘦，但是弱不禁风的样子实在是与这个崇尚健康的时代格格不入，更谈不上美了；而有的女人丰满而圆润，看上去总是那么精力充沛，你会觉得和她在一起她会为你带来无尽的活力与生机，这样的女人无论走到哪里都会特别受欢迎，因为她红润的笑脸和宽厚的手掌让人觉得生活原来真的可以充满热情。毕竟，弱不禁风的林黛玉在现实生活中没有一点实用价值，在一切都快节奏、高效率的今天，谁有时间去为她端茶送药？谁有时间抚着她瘦弱的腰肢安抚她容易受伤的身体和心灵？所以，还是那句话，30几岁的女人，身体是幸福的本钱、健康是美丽的源泉，不要盲目追求瘦。

我的一个朋友35岁了，生了孩子后身材略有发福，不过整体看上去面色红润，身材虽然不算苗条，但是很匀称很圆润，而且，从她的脸上可以感受到做妈妈的幸福。每次老公来接她下班，她都会一手挽着老公，一手抱着儿子，然后幸福地微笑着，旁边的老公也微笑着……她是个美丽幸福的女人。曾经有人问她老公是否介意她不够苗条的身材，男人很幸福地答："当然不介意，我喜欢她现在的状态，她很美！"

美体就是"瘦体"吗？

现在，随便翻开一本时尚杂志或点开网站的女性频道，最多的内容就是在教大家如何瘦身，吃什么能瘦身，喝什么能减肥，还有许多稀奇古怪的减肥方法。各种号称"美体塑身"的整形束身内衣也全都把人勒得紧紧的，甚至透不过气来。在"瘦身"观念大行其道的今天，大概胖人们也要被这些观念勒得喘不过气来了。

美体就是"瘦体"吗？丰满而匀称的身材难道就不是美体？我常常这样想，并为丰满身材的女性打抱不平。在遥远的战国时代，"楚王爱细腰，宫中多饿死"，但后来的改朝换代中，人们的思想有了进步，承认"环肥燕瘦"都是美。在 21 世纪的今天，如果人们还一味追求并且只认同纤瘦是美，把"美体"与"减肥瘦身"画等号，未免就显得不够宽容，甚至可以说不符合这个时代的先进程度了。美也需要与时俱进。

其实从健康角度讲，健身美体本无可非议，但若是一味将"美体"理解为"瘦体"，甚至采取一些疯狂的减肥方法，如倒吊、连续数天不进食、倒立、爬行或者将保鲜膜裹在腰间跑步等，未免就有些"过火"了。在媒体上看到过一些所谓名模和明星提供的"另类"减肥方法，用非常恐怖甚至"变态"来形容也绝不夸张。例如吞蘸了橘子水的棉球（使人感觉不到饿）、刻意在身体里养寄生虫（据说是为了消耗体内营养），听说现在又兴起什么"人流减肥法"，就是做完人流手术后不但不休息，还长时间熬夜、进行高强度体力运动等，真是让人替这些爱美的年轻女性捏了把汗！为了瘦身，赔上终生的健康，代价未免太大、也太荒唐了。可惜，为了减肥，众多的渴望苗条的女人仍然在前仆后继义无反顾地踏上这条吉凶未卜的瘦身路，以至于在有人为此付出了惨痛的甚至是生命的代价后仍然勇往直前，真有点"视死如归"、不撞南墙不回头的架势。我常常在想，健身美体明明是有科学根据的，而这些瘦身方法显然远远偏离了科学的轨道，为什么她们看不到这个简单浅显的道理呢？

再者说，生老病死各有因果，没有证据表明胖人得病瘦人就不得病，相反，太瘦的人倒应该认真体检一下，因为根据我有限的知识，得绝症者一般都会瘦得皮包骨。那些打着科学旗号发布的保健言论，也并非适用于所有人。吃肥肉未必都长膘，素食未必苗条，看和尚尼姑，清灯孤影、白菜豆腐也没见几个瘦子。

⚘ 无论胖瘦，健康就好

从科学的角度来说，身材不管胖瘦，健康就好。在健康的基础上追求苗条无可非议，只要不走向极端。 胖也好瘦也好，身体好才是最重要的，犯不着有人喜欢细腰，就把自己饿死，有人喜欢肥美，就把自己养得像一头小肥猪，有人喜欢大嘴就把自己的嘴撑成个大盘子，有人喜欢长脖子就把自己弄得可与长颈鹿媲美，天呐！如果哪天有人喜欢畸形，难道还得把自己弄残了不可？

以胖瘦论美丑有失偏颇。身材苗条不是美的唯一标准，环肥燕瘦各有千秋，杨玉环就是以丰腴获取了唐玄宗的青睐。可见，美不美除自然条件外，更多的取决于欣赏者的眼光。情人眼里出西施。体态轻盈的赵飞燕能名留青史那是因为她遇上了汉成帝刘鹜，要是她遇上的是唐玄宗李隆基能否得宠可不一定了。

胖女人也好，瘦女人也好，都需要学会在生活中寻找自然的美丽。黎明，打开那扇门，让旭阳五彩缤纷地布满整个小屋；黄昏，拉开那窗帘，看归鸟掠过窗台；春天，花香、鸟语洒满了整个人间；秋天，看菊花香风散尽。30 几岁的女人们，人生的美丽其实不仅仅只是胖瘦。

·衣着暴露是玩性感的最好方式吗·

🌸 "暴露"要看场合

随着社会环境的宽松宽容，各种展示个性的生活时尚，令人眼花缭乱，其中不乏"另类"，那就是把女人迷人的胴体暴露在众目睽睽之下。总体而言，这种时尚折射出人们对美的追求，丰富了生活色彩，也反映出人们精神的解放。因此，对大街上来来往往的丰胸美腿，大可持宽容甚至是欣赏的态度，问题是"露"要看场合。

在银行工作了 10 年的蒂娜是个英国和牙买加的混血儿，她拥有所有女人梦想的身材，极其性感的三围，还有迷人的、热情友好的性格，她在同事朋友中间有非常良好的人缘，更重要的是，蒂娜对工作兢兢业业，深受同事的喜爱和欢迎。

今年已经 36 岁的蒂娜非常清楚自己所拥有的"特殊武器"，她无时无刻不在展示自己的性感魅力。每天上班她都会穿着更加突出自己性感的衣服：紧身的黑裤子紧紧地裹住高翘的、宽大的臀部，弹力紧身衣勉强罩住凸起的胸部。她总是扭动着性感的腰身,婀娜多姿、坦然地走进自己工作的银行大门。

自从大学毕业后10年来,她就这样进进出出这个银行的大门。不知不觉中,当年的同事都早已升迁或者跳槽到了其他银行,只有蒂娜至今仍然在自己进来时的位置上做个产品控制助理员,而且没有任何上升的苗头儿。10年的工作经验没有为她的职业生涯增加任何有价值的砝码,她向猎头公司送去的简历更是杳无音信。看起来要进入40岁的蒂娜只好在这个不给自己任何机会的银行和这个毫无希望的助理位置上混下去了。

♣ "性感"运用不当有可能会毁了自己

感言1:不合时宜的性感会毁坏一个女性的权威和可信的形象。

为什么一个有魅力、受人欢迎、工作能力并不差的女人10年都走不到更高的位置上? 蒂娜所在的部门经理麦克虽然对她的工作能力毫无不满,而且还颇为欣赏,但是,他却从来没有提升蒂娜的任何意图,而两年前来到这个部门的新手都已经变成了蒂娜的项目经理。无论麦克多么繁忙,他都不让蒂娜代表自己的部门去参加任何会议,而宁愿让刚毕业的托尼代替。麦克说:"我无法想象当她代表我的部门时,我们能够得到别人的尊重。她的性感会吸引太多的注意力,而这并不是我们所期望的。我同样无法想象,她这样的穿着如何能够坐在经理的办公桌后面。"

感言2:成功的女人懂得,性感和信任感基本上是来自两个世界的词汇。

面对蒂娜这个热情得有些过度的女人,没有一个人忍心告诉这么一个元老级的职员,到底是什么让她无法走向更高的位置,赢得同事和上司对她的完全信任。正如部门经理西蒙斯坦然承认的那样:"我多么希望有人告诉她的丈夫,他的太太这样上班来,挑逗了我们的雄性荷尔蒙。每当她穿着像潜水服一样的紧身衣和暴露着胸部的服装来到我面前，我都无法专注于工作。男人喜欢性感的女人，但是却不能够提拔她们！"蒂娜的性感让她付出的是 10 年来事业停滞不前的代价。

其实，女人穿什么，穿多少，露什么，露多少，跟女人的品位、修养、学识有着极大的、也是最直接的关系。文化修养高的女性，无论长得美丑，她们都绝不会只为了美丽动人，而在三九天还穿个超短裙在大街上招摇。只有那些信心不足的女人，才指望着靠露出点"颜色"来吸引男人的眼、抓住男人的心。

❀ 如花似玉也要好衣相衬

暴露和性感是不能画等号的。"穿好衣服，才能做好女人"，这是一条真理。

在那本据说是 20 世纪 40 年代最好的小说之一的《围城》里面，男主人公方鸿渐接受过一个观点，即"女人如衣服"。言外之意，换女人如换衣服一样，乃稀松平常之事，可随兴致进行。据说当时不少小女子看到此处好生气愤，柳眉倒竖、杏眼圆睁，大有将发此论者碎尸万段之势。可她们几十年后一个个都腮眉搭眼地消了些气，倒不是因为方兄并无气概将那观念奉而行之，而是女人们在经历了世间男男女女分分合合之事后，更加感到钱老先生当年的脑波一闪灵光一现，妙笔生出如此之妙喻，把女人和衣服有机地连接和组合，简直是世间的真理，心下便不由暗暗佩服这老头原来具有这样划时代的远见卓识和超前意识。

什么样的衣服才算"好的衣服"？其实很简单，除了与自己的年龄、身份、肤色、身材及出席场合相吻合外，无非是这么几个要素：样式别致、颜色协调、质地上乘、做工出色。但问题是好的衣服大家都知道，"不好"的衣服却未必人人皆知。借用托尔斯泰君的语式来说，就是好的衣服大致相同，不好的衣服却各有各的不好。

当然，就衣服本身而言，与其说是衣服不好，不如说是穿得不好，或者说触犯了穿衣服时要考虑的几样忌讳。

一是忌凌乱。衣服的样式是简洁大方的好，不能有过多的装饰，如花边啦、穗子啦、带子啦，等等。另外，色彩千万不能多，一般说全身上下主色调不应超过三种。我曾在大街上看见一个女孩，至今记忆犹新。她穿着桃粉色白花上衣和淡黄色杂花裙子，一双黑高筒袜，一双红皮鞋，居然还戴了一项白帽子。本来这姑娘如花似玉，可愣是被这一身打扮毁了，很多人看她的目光里都闪动着惋惜，或许还有像我这样痛不欲生者。说到这里，使我还想起一个朋友，人家给他介绍对象，刚见一面就吹了，问其原因，他说他数了那姑娘身上穿的衣服共有七种颜色，所以据此断定她是一个修养和品位不高的人。呜呼哀哉，那姑娘可能根本不知道是颜色误了她的终身。

二是忌质差。衣服的质地无非是丝、绸、绵、麻、毛、呢、化纤等，料子则有薄厚和粗细之分，在搭配衣服的时候应考虑质地的相近和一致性，而不要相差太大。比如厚重的上衣不能配轻薄的裤子或裙子，而真丝的衣服也最好别跟尼龙的东西混穿，另外，挺括的和易皱的、粗糙的和细致的、时装与休闲装等不同质感、不同风格的衣服，在着装和出门前都要慎之又慎，三思而后穿。

三是忌匠气。我也曾见过这样一个女孩，她穿着粉色的衣裙，粉色的袜子，粉色的皮鞋，背着粉色的包，头上还扎着一条粉色的缎带。这种装扮不能说不讲究、不用心，但给人的感觉是过于雕琢过于刻板了，像个粉色的云团怪怪地飘在街上，看上去反而不舒服。我想，除非在特殊场合，穿衣服还是以自然、随意为好，因为说到底衣服是为人服务的，让自己和他人都觉得"较劲"的衣服，劝君束之高阁。

女人和衣服是永远的话题。女人如花，花样的女人需要美的衬托，而衣服则是当仁不让的第一要素，不是有那么句俗语嘛，人靠衣装佛靠金装。但是，要想做到人与衣服相映生辉，一定要为自己选对衣服，否则会适得其反，让女人的形象大打折扣。

·忘记自己的年龄·

🌺 女人适时忘记年龄是一种生活的智慧

天下女人怕老多过怕死，年龄是女人不折不扣的天敌，总有种时光巨轮越来越逼近的紧迫感。尤其是 30 岁之后的女人，甚至可以听见时间滚滚而去时隆隆作响声，于是女人们总是怀揣着一颗扑扑乱跳的芳心，在前面一路狂奔，快跑啊快跑，否则就要万劫不复。

记得朋友说过这样一件事，某公司向社会公开招聘一位公关部主任，众多慕名而来的应聘者一展身手，各显神通。经过几番争夺，脱颖而出进入最后面试阶段的只有三位。面试这天，打扮入时、徐娘半老的公司女老板亲自出马。待面试结束，三位应聘者分别向女老板告辞，第一位说："谢谢老板。"第二位说："谢谢夫人。"第三位说："谢谢小姐。"三位应聘者的水平本在伯仲之间，结果第三位幸运地被录取。这个故事初听起来觉得有些可笑，充其量是个幽默而已，在现实中恐怕很难发生，不过细想又实在耐人寻味，生活中莫谈甚至适时把女性的年龄少说几岁，甚至十几岁，不能不说是一种智慧。

都说女人如花，但再美丽的花总有开败的那一天，盛花期最多不过三两个月。所以，女人的青春之花，总是在眨眼间就开过了。还沉浸在满枝桠繁花拥挤着的热闹，簇了妍妍的面容，正粲然。却不料，也不过一夜的工夫，竟是落红遍地凋敝满眼。再繁华的盛开，终敌不过岁月的轮转。这正是无可奈何花落去，却永远也不可能似曾相识燕归来了。年龄，是女人们难以逾越的一条鸿沟。

那些揽镜自望的女人们，总不肯轻易就老了去。于是换肤，于是除皱，于是美容，于是用各式各样的化妆品，试图遮掩的，无非是年龄罢了，悲哀哦。

🔥 年龄不是由美变丑的催化剂

忆起一女影星，她的年龄总是停留在４５岁上，好几年过去了，她对媒体仍称她４５岁。那时我还年轻，不能明白她的心理，想，你是多大就多大呗，干嘛要自欺欺人呢。现在终于懂了，她原是害怕那光华背后的凋谢和那份令人难耐的冷清，与先前的灿烂反差实在太大了。所以，她情愿模糊她的年龄，只想给自己留下最后一丝温存，好让自己能够慢些老去。

倒是真正上了年纪的女人，很能看开年龄的问题。曾听过两个老妇人的对话。她们在一个公园的长椅上坐着，一起晒太阳。或许是多年未见的老熟人，亲热地拉呱一番家长里短之后，一个问，你今年多大了？那位豁着没牙的嘴笑呵呵地答，还小呢，才７１。

以为问话的老太太会发笑的，哪知她竟一本正经地点头称是，也豁着没牙的嘴说，是哩是哩，你还小呢，我比你大两岁，７３啦。那位立即欢喜喜地接道，我们都还小呢。两人遂一齐乐呵呵的，满足得不得了的样子，仿佛正青春年少。

这个时候的女人，大多已洞悉了世间的繁华和热闹，驿动的心复归了平静。年龄的大小，再也掀不起她们内心的波澜了，她们在最后的岁月里，活得真实而安详。

怕老的女人都是完美主义者，常常会为新增的一根白发、新添的一丝皱纹而坐立不安，甚至为鼻头上毛孔有点大呀、皮肤不好呀、黑眼圈呀而着急万分。于是不惜花钱换肤、除皱、美容、用高档化妆品、服美容保健品……如此不停地折腾自己，无非是想遮掩年龄罢了，真累啊。

其实，走过的岁月是实实在在的，"年龄本身就是一种厚度，就是一级级台阶，能把人送上应有的高度。"犹如一年四季的风景，春夏秋冬各有各的特色，每个季节都有着不同的美。只要我们怀着一颗童心、一份成熟、一份坦然，每个年龄段的女人都有不同的风韵和魅力。

有一句话，相由心生，很有道理。心理保持年轻活力，不那么沉甸甸的，人看上去也就年轻了很多。很多女性担心衰老，过了３０，就害怕４０的到来而惶惶不可终日。其实，让女人永远美丽最好的办法是让自己学会忘记年龄，年龄其实只是一个数字的概念，却不是由美女变丑女的催化剂。只有这样，才能让自己的心不会因为年龄而变得恐慌。生理的衰老必须承认和面对，谁都无法抗拒和改变，我们所能够做的，就是让这种衰老来得慢一点、再慢一点，但是心理上的衰老的快慢却是我们自己可以掌控的。每天让自己努力保持如少女般的快快乐乐是一件并不难做到的事情。

🌸 年龄不是由美变丑的催化剂

诗人说："春的后面不是秋，何必为年龄发愁？"这话本是劝慰人的，但细想起来并不让人乐观。春夏不用发愁，但到了秋天呢？夏天来了，秋天还会远吗？

互联网上有一则奇文，大意是：女人十五如非洲，野气未消，但纯纯的；二十如印度，还有些神秘；二十五如日本，知识和修养开始显现魅力；三十如法国，成熟又浪漫；三十五如美国，崇尚独立和自由；四十如德国，输掉了战争却没有输掉希望；四十五如大英帝国，有辉煌的过去，却没有辉煌的未来；五十如俄罗斯，胸怀广阔；五十五如西伯利亚，谁都听说过那里，但谁也不想去那里。

年岁不饶人，对女人尤其苛刻。年龄是悬在女人头顶的利剑，无论她现在多么年轻，总有一天会被年龄刺痛。

所以，女人应该学会忘记自己的年龄，这样才能避免被年龄刺痛、才会活得更快乐！在与岁月的战争中我们输掉了年龄却不能输掉快乐！

居里夫人，作为伟大的科学家，画像上的她当然不再年轻，但我们更喜欢这样的画像。看着她，我们的内心就会升腾起热爱与崇敬。

还有南丁·格尔，宣传画上的她也不年轻。但她却是世界上所有护士的偶像，她身上体现的人道主义，还有对病人的永恒爱心，就像天上的星座，永不消失。

小说《简·爱》中的简·爱，外表不美丽，地位也低下，但我相信，大部分的男读者都会喜欢上她。作为卑微的家庭教师，她却有勇气对深爱着她的男主人说："我们的精神是平等的，如同你和我经过坟墓，将同样地站在上帝面前。"话是如此的朴实，又是如此的震撼人心。

曾在电视剧《上海滩》中扮演冯程程的赵雅芝，她身上那种大家闺秀的闲雅气质曾经俘获了无数男人的心，更加难得的是，在２０多年后的今天，虽然已是三个孩子的母亲，她却依然是那么美丽，２０多年来的风雨沧桑似乎没有在她脸上留下多少痕迹，反而让她多了一股成熟睿智的女人味,着实令人艳羡!

这几位女性,谁也不会在意她们的年龄,不会说她们不美。年龄之剑虽然锋利,无坚不摧,但她们依然风采不减,早已打败了年龄,傲立于时间的长河。

所以,女人,还是快快忘记自己的年龄,快乐地生活吧。忘记自己的年龄,保持愉悦的心情,你的生活也会因此多些光彩。

你30多岁了,但是,你依旧可以拥有青春的心理,并且可以永久地拥有它。在心中默默告诉自己,时间计算的是价值,不是总结生命的长短,不是定格岁月的标尺。看我们谁活得更精彩,而不是更无奈。忘记年龄,不是我们不敢面对、不敢提起,而是我们对年龄有了更新的感悟,是在创造生命的奇迹,不管18还是38,在心底,彻底抹去岁月的痕迹,让自己的笑容在年轻的心灵上绽放!

第二章　气质永远不会长皱纹

如果让男人在美丽的女人和有气质的女人之间来选择，可能大多数都会选择后者，因为美丽只是短暂的外表，昙花一现；而气质是长久的内在，永不枯萎。

气质是一种智慧，它一点点地雕琢着女人，让她散发出迷人的持久的魅力。气质也是一种个性，它蕴藏在差异之中，不断地更新，让女人拥有与众不同的韵味。气质还是一种修养，它是内涵的展现，洗练出一种超凡脱俗的清新优雅的"女人味"。

有气质的女人凭借与生俱来的本能，无需刻意，更无需矫饰，将强势与典雅融于一身，凭借高贵的格调施展别样的性感，重视服装修饰以及社交方式等各种礼仪，始终保持着优雅的风格和高尚的品质。有气质的女人也是一个实实在在的，能融于日常生活之中，贴近生活，雅而不俗，贵而不傲的女人。

·自信是女人最性感的装饰品·

❀ 自信带来成功，自卑通向失败

女人的自信来源于什么？源于沉鱼落雁、闭月羞花的容貌还是拥有一副魔鬼般的身材？我认为与这两者都没有绝对的关联。君不见香港的红牌主持人沈殿霞及中央电视台的主持人张越，按照一般的审美观，她们既没有漂亮的容颜,也没有迷人的身材,可是从她们脸上分明可以看到一种独特的自信,正是这种自信加上她们的艺术才华,才能让她们在竞争激烈的文艺媒介圈子里立于不败之地。

有一对双胞胎姐妹,姐姐从小就活泼好动、敢说敢笑,妹妹从小就胆小怕事、畏畏缩缩。随着年龄的增长,两人的性格区别更加明显。３０岁的时候她们进了同一家房地产公司做销售员。时间不久,姐姐就被提升为销售部经理。因为她的脸上总是带着自信的微笑,她微笑着面对上司交给她的任何一项工作,她微笑面对同事间的是是非非,更微笑着面对客户的百般挑剔。自信使姐姐在为人处事上从容、大度,进而让人感到她和蔼可亲和令人信任。

自信的微笑是一种令人愉悦的表情,面对一个微笑的人,你会感到她的自信和友好。同时这种自信和友好也会感染你,使你和对方亲切起来。自信的微笑是一种蕴意深远的身体语言,仿佛在说:你好,朋友! 我喜欢你,和你在一起我感到愉快。

而妹妹却很自卑,见到上司就胆怯心虚,说话都会突然口吃;看见同事们说悄悄话就会以为在议论自己,面对挑剔的客户只会着急却不知道如何应对,最终被调离销售部。

一个女人要想自信,首先要克服的是自卑。自卑通向失败,这是显而易见的。那么,自卑究竟是什么呢? 自卑是一种消极的自我评价或自我意识。一个自卑的人往往过低评价自己的形象、能力和品质,总是拿自己的弱点和别人的强处比,觉得自己事事不如人,在人前自惭形秽,从而丧失自信,悲观失望,不思进取,甚至沉沦。

在这个处处充满竞争的社会,那种自怨自艾、柔弱无助的女人已日渐失去市场。尤其是三十而立的女人,一定要充满自信,学会自我拯救和自我完善永远是最重要的！

🌹 绝不把自己完全托付给男人

在感情问题上，自信的女人也不同一般。自信的女人敢爱自己喜欢的男人，但是绝不把自己完全托付给男人。

女人不可以失去自我，女人应该勇敢地掌握自己的命运。一个把自己完全托付给男人的女人就等于失去了自我，没有了自我的女人就不会有自信。再漂亮，再得宠也掌握不了自己的命运。

古代四大美人之一的杨玉环天生丽质，加上优越的教育环境，使她具备有一定的文化修养，性格婉顺，精通音律，擅歌舞，并善弹琵琶。天宝四年（公元 745 年），唐玄宗把韦昭训的女儿册立为寿王妃后，遂册立杨玉环为贵妃。玄宗自废掉王皇后就再未立后，因此杨贵妃就相当于皇后。杨玉环自入宫以来，遵循封建的宫廷体制，不过问朝廷政治，不插手权力之争，以自己的妩媚温顺及过人的音乐才华受到玄宗的百般宠爱。但就是这样一个不问世事，一心享受爱情的女人最后仍然是一缕白绫悬梁，以致香消玉殒，年方 38 岁。

对于男人，许多女人都把他视为自己生命的全部，这是一种极端的生活态度，男人只是女人生命中的一部分，生命中必定也必须还有别的寄托，孩子、事业、朋友、爱好……这样，即使生活中的某一部分受挫，也不会影响到另外的部分。

我的同学小丽本来在一家外企工作，干得也不错，后来嫁了个很能赚钱的老公。她从此过上了阔太太的豪华生活，住的是别墅，出门有私家车，家里有保姆伺候着。老公的钱她打着滚地花都花不完，自己还上班做什么？于是她辞去工作做了专职太太，每天就是搓麻将打发日子。三年没有见小丽了，年前突然听说小丽自杀了，是因为得了抑郁症久治不愈，她在自己家那豪华的浴缸里割腕自杀了。她死后两天，家人才和她老公联系上。不必细说缘由了，这不过又是一例因为失去自我，没有了自信，把自己的一生全托付给男人，一旦被男人抛弃便万念俱焚而产生的悲剧。

🔥 自信让女人离开男人照样可以很好地生活

36 岁的苏瑾告诉我她丈夫有外遇了，可她仍然爱他，不想和他分手，她在等他回头。她不相信 8 年的婚姻会被第三者这么轻易地给破坏了。可是夫妻之间已经冷战了半年，最近他连家都不回了。苏瑾想尽办法见到了那个第三者，感觉除了比自己年纪小几岁外，没有比自己更优越的地方。她无论无何也不相信这么个不成熟的毛丫头会把自己的丈夫抢走，可是多日不见面的丈夫突然给她电话，说已经把离婚协议写好了，等她签字呢。得知消息我们都以为苏瑾一定受不了这个打击，会痛哭流涕，求丈夫别离开她，因为她一直很爱他。可令朋友们吃惊的是她回电话约丈夫去饭店。在去饭店前她先去了美容店，把自己打扮得容光焕发，美丽飘逸。在饭店里她叫了一桌自己最爱吃的菜，大口大口地吃菜，和丈夫碰杯喝红酒。饭后她掏钱买单，然后一边用餐巾纸擦嘴，一边让他把离婚协议拿出来，她签上名字把协议扔还给他，然后头也不回地扭摆着小蛮腰大步走出饭店，她没有回头也没有一句多余的话。她的丈夫目瞪口呆，百感交集地目送她的身影到消失。

后来苏瑾和她丈夫没有离婚。她丈夫说在她走出饭店的时候，他突然觉得她好有气质，他感觉自己其实仍然在爱着她，妻子比那个第三者真是强多了。他撕毁了离婚协议，回到家里跪着求妻子原谅他，就这样她和他又和好了。

我们后来问苏瑾:"你真的一点也不痛苦吗? " 她告诉我们她痛苦极了,那段日子里她几乎天天失眠,自己偷偷哭了不知道多少次。可是她明白,男人如果变了心他就不会再在意女人的眼泪,你越求他,他会跑得更远。如果夫妻缘分已尽,不如放爱一条生路,既然要离婚了,干嘛让他看到自己的眼泪呢?女人应该自信,应该相信自己离开男人照样可以很好地生活,那就不会在男人变心的时候感到末日来临。虽然他对你的背叛会令你痛苦,可如果感情已经无法挽回了,痛苦是没有用的,不如找回点女人的自信,让背叛你的人也惊叹一次你的骄傲,给他留下你因为自信而变得美丽的身影。

自信给苏瑾勇气,使她从容地面对一切,自信让苏瑾变得潇洒和富有魅力。

古龙说过一句话:"自信是女人最好的装饰品,一个没有信心、没有希望的女人,就算她长得不难看,也绝不会有那令人心动的吸引力。"这句话生动地说明了自信对女人的重要性。自信的女人不惧怕失败。她们用积极的心态面对现实生活中的不幸和挫折;她们用微笑面对扑面而来的冷嘲热讽;她们用实际行动维护自己的尊严。这一切都淋漓尽致地表现出自信者的气质,一种坦诚、坚定而执著的向上精神。美貌可使人骄傲一时,自信可使人骄傲一生。

·高贵不是"贵族病"·

❀ 高贵与血统或外表并没有必然的联系

30 多岁的女人应该比 20 多岁的女孩更明白高贵的内涵,岁月最好的战利品就是让女人每天都在成长中学习如何摆脱肤浅。很庆幸,30 几岁的女人不会随意让自己在无知中迷失,比如,她们不再像20几岁的时候一样幼稚地认为女人的高贵就是穿金戴银、香车锦衣、名利地位。

女人的高贵并非指的是一定要出身豪门或者本身所处的地位如何显赫,这里的高贵是指心态上的高贵。生活中男人可以是女人的护花使者,但女人自身要给男人提供一种信心——这种信心就是让男人放心,而且乐意为你托付爱。男人最反感放荡轻浮、心态猥琐的女人。小仲马的《茶花女》中的主人爱上女仆,只因为身为女仆的那个女人气质高贵而又有十足的女人味。这种女人往往会给男人带来生活的信心和勇气,因为她们生命里潜存着一种净化男人心灵、激励男人斗志的人性魅力。30几岁的女人要做到不媚俗、不盲从、不虚华,自然少不了要有这种让男人倍加欣赏的高贵气质。

记得《张爱玲传》里有这样一个情节:亲眼见到胡兰成的一再背叛后,张爱玲只是默默离开。此后她一如既往地寄钱给他,直到胡兰成脱离厄运,她才给了他一封绝交信,并从此再不回头。一直觉得张爱玲是个太现实、太聪明的女子。**看到这里我才觉得震撼——她是一个真正高贵的女人,不乞求、不抱怨、不报复,但,决不妥协。**

总是难忘奥黛丽·赫本在《罗马假日》里的样子,认定那就是公主的样子。即使后来见到真的公主,也觉得假了。就像有了梦露,就有了性感的标准。梦露的珠圆玉润和赫本的亭亭玉立,不失为一种直观有趣的比较,可以印证我们对于性感和高贵的感性印象。

奥黛丽·赫本在自己的后半生致力于救助非洲儿童的工作,曾经见过一张她在非洲工作时的照片,七十多岁了,瘦瘦的,满脸皱纹,眼睛还是那么大,穿着棉布衬衫,和一大堆骨瘦如柴的孩子在一起。那张照片在哪里登的,记不得了,但从此忘不了那张照片,忘不了照片上面的奥黛丽·赫本。岁月之河流经她的身上时，带走了美貌俊颜，风华绝代，但保留了她的高贵。从暮年的赫本身上，我们能感受到某种光辉，发自心灵，发自上苍。

所以，真正的高贵与血统或外表并没有必然的联系，表现在奥黛丽·赫本身上或黛安娜王妃身上，就是对那些苦难中的人们深深的悲悯、真诚的付出，不管多与少，她们都真诚面对。至于优雅的谈吐、迷人的风度，都不过是高贵心灵折射出来的一点光彩。但即使是这点折射出的光彩，就足以让整个世界为之倾倒。从这个意义上讲，每一个普通的女人都可以离高贵很近。

给别人高贵的位置，别人也会把高贵的位置留给你

吉尔 30 岁，是个独生女，在亲人的宠爱中长大，但是，她没有因此而成为一个霸道自私的人。她从父母那里学会了高贵的智慧：尊重他人，才能得到他人的尊重。

她说："大家都说我像个公主，我很喜欢被别人尊重，但是这并不是说我得了喜欢被人奉承、被人簇拥的'公主病'，我讨厌那种自以为是、目中无人、恃才傲物、吆五喝六的粗俗女人。我只是希望别人能像我尊重他们一样尊重我，我从来不嚣张跋扈，但是我优雅迷人。"

她很顺从，但是绝对不是屈从。她真心热情地对待朋友和家人，大家也是以同样的方式回报她，生活因此而变得美好温馨。她觉得人与人之间不应该存在上下级关系，而应该崇尚平等的关系，彼此在同等位置上对视，互相帮助和扶持的时候就能够获得真正的幸福！

她从来没有觉得自己美若天仙而目中无人，她不是一个讨厌的"公主病"患者，她给别人高贵的位置，别人自然也会把高贵的位置留给她，她是一个充满活力的 30 岁公主。

想凌驾于别人之上的人其实并不会得到人们的认可和尊重，充满智慧的仁慈君主虽然高高屹立于万人之上，却总能像臣仆那样去工作，我们称赞这样的君主为明君，我想公主高贵的理由正在于此，为了获得大家的信任与尊重，就要发自内心地尊重与关爱他们。

吉尔是一个名副其实的公主，虽然她没有披金戴银、没有华丽的衣饰，但是人们都说她是个气度非凡、雍容华贵的公主！

吉尔的故事告诉我们：高贵的气质来自对他人的尊重！

看过这样一个故事：一个绅士带着儿子外出骑马，途中遇到一个普通的农夫向他们行礼，这个绅士则在马上还礼，而他的儿子却没有还礼，这时绅士很不开心地对儿子说："你还不如这个农夫懂礼貌吗？"于是绅士的儿子便向那位农夫还礼。读到这则故事时，我们该明白人的高贵是来源于对人的尊重。越是位高权重，越是富有，就越要注意自己的言行，这样才能算得上是高贵。

🌺 真正的高贵是灵魂的高贵

高贵的女人的眼皮子不能浅，不能太贪求物质，不能为了蝇头小利或者黄金万两就出卖自己的灵魂。其实物欲是最容易满足的东西，用金钱可以买到的，太便宜，太容易，不足为奇。不能斤斤计较他给你买了什么东西，他没给你买什么东西，而是他对你重视到什么程度，他是不是每次见到你时，眼睛总是一亮，他是不是随时准备为你赴汤蹈火，他是不是总是以你的快乐为他的幸福？

女人要高贵，不是说衣物都要珠光宝气的昂贵，不是说食物必要山珍海味，应该是灵魂的高贵，心性像荷花一样清幽，孤芳自赏，对事对人，不会屈尊，不会放弃良知和正义原则，不会因为怕孤独就随大流，低三下四,同流合污。天长日久地追求高品位,自然而然,你的气质就出类拔萃了。大长今的可爱,就在于她即使面对生死考验,也不会动摇和放弃心中的信念。

女人要自恋自爱。你不爱自己,就不能期望别人爱你。需要牺牲自尊才能得到的,趁早放弃。因为即使今天被你抢到手,以后他也不会珍惜。物以稀为贵,人以难得为贵。

所谓高贵,当然不是你高高在上,把别人踩到泥土里。遇到真正喜爱的人,不是贬低他的能力和成就才显出你的高贵,而是处处维护他的自尊,时时扶持他的灵魂,在他怀才不遇的时候安慰他,在他困难的时候鼓励和帮助他,在他沦落的时候拉拔他,水涨船高,他高了,你在他心中的地位也更高。他在心里把你尊为娇媚的女皇,女人中的女人,你把他尊为拯救女皇所向披靡的英雄,男人中的男人。

聪明的女人,总是让自己矜持而高贵。30多岁了,不要再幼稚地以为高贵就是显赫华丽,想做一个真正的"公主",还是有很多需要不断学习的东西呢!

·盛世,熟女吃香·

🌺 我的裙子很短,我的高跟鞋很高

越是太平盛世,熟女就越吃香,远的看唐朝,近的就看今朝!所谓"熟女"是泛指30岁以后的成熟女性,她们还有一个更绯红温暖的名字,那就

是"姐姐"。

柯达全球副总裁叶莺女士是无数男生的崇拜偶像，她有句名言："我的裙子很短，我的高跟鞋很高！"乍听有些怪诞，但是仔细琢磨却深刻而耐人寻味。确实，一个讲究魅力、自信的熟女，是我们这个时代的女性楷模，为什么要抚脸哀叹岁月流逝？成熟何尝不是一种资本，何尝不是一种性感？

30后的女人经历过风雨悲欢，不再轻浮躁动，她们参透了更多的人情世故，不再揽镜自怜，因为那是毫无意义的自我折磨；她们也不再伤春悲秋，因为那只能是一场空悲欢。30后的熟女豁达乐观，成熟优雅。

我听过这样一句话："看好自己的老公，别让他遇到30岁以后的女人"，这无疑肯定了30后女人的魅力是无法抵挡的。

30后的熟女有了一颗平静的心，她们不再矫情，而是更加懂得深沉和宽容，知道不是所有的梦都会变成现实，也不是所有的现实都能代替梦想。她们开始学会理解自己、理解别人。

她们能巧妙地处理各种人际关系，不再嚣张，多了几分柔和与淡定！

熟女的味道不尽相同

看看这些名人是如何理解成熟女人的：

毕淑敏(作家)：一个成熟女人，应该是有力量、有智慧、有光彩的。女人一定要爱自己，这种爱不是单纯的生物之爱，也不是盲目的、不顾一切的、完全奉献的那种。我想，爱自己包括接受自己的身体，接受自己的容貌，无论美丑；她还要知道自己作为女人的长处和短处。一个成熟的女人应该接受这些不可改变的东西，然后去挖掘深藏在自己身心中美好的东西。比如我们都将衰老，就要面对和接受这个现实；掩饰不单是徒劳的，首先是一种软弱。勇气并不储存在脸庞里，而是掌握在自己手中。

黄蜀琴(导演)：成熟的女性应该是越来越天真。女性的成熟和男性的成熟不一样，女性越成熟就越有一种天真。我不喜欢那种老于世故的东西。(成熟的男人)恐怕是比较圆滑的。真正优秀的人，越成熟就越自信，越自信就越轻松，越轻松就越有成就。就怕那种老怕人家说她不成熟，故作成熟状的人。女人和男人的思维方式不同。女性对待事物更直接、更直觉、她们常常靠灵感、靠直觉。男性喜欢剖析啊、分析啊，思维比较理性。但是，男女又可以相辅相成，构成对一个事物完整判断，构成对一个世界的完整表述。

铁凝(作家)：女人都是美的，只有丑陋的心灵。在一个作家的眼里，每一个人都是独特的，不存在什么"一般人"。每个女人自有她动人的一面，不过有一些女性，不太注意发现自己，或者她发现的完全是相反的方面、荒谬的那个方面，这是一个错误。现代女性，生活在开放的社会，不可能独处，仪容确实也体现出你对他人的一种尊重，也是一种文明的象征。回到成熟的这个话题，我觉得一个女性，她的真正成熟，并不意味着她的老谋深算、世故。她的历尽沧桑，也不一定和成熟画等号。我希望达到真正的美好的成熟的境界。第一当然不是天真的傻笑、不谙世故的傻笑。我想应该是那样一种境界，穿越了一些悲伤、内心的不平静、诸多的麻烦，就是有本领穿过这些之后，仍然能升起的一种对生活保持明亮的心境和善意，而且能具备有母性胸怀和巨大的包容性。

🔥 结束了任性，结束了自负，结束了"海市蜃楼"

名女人们谈的有些相似的地方，即成熟女人应该是能够接受自己，保持平静的心态，不老于世故，爱自己，心灵与外表的和谐统一等。我相信这都是她们在历尽沧桑之后总结出的经验，"不经历风雨，怎能见彩虹，没有人能够随随便便成功"，这句歌词虽然出自成龙这个男人之口，但是对女人说来，也的确是事实。女人也同样在经历过各种艰难困苦之后，才能够享受成功后的喜悦。最近在报上读到一个母亲带着她三个年幼的孩子跳黄河自杀，母亲被救起，孩子们却都死了。如果这是一个成熟的母亲，她应该有勇气战胜任何的困难，坚强地活下来。女人容易"针尖大的窟窿透过一火车的眼泪"，因此说，拼出勇气和撑起坚强也是女人成熟与成功的重要标志。

成熟女人是懂得面对的。她们知道，生活的意义就是面对和体会。风来了，雨来了，阳光与阴晦，失的凉，得的暖。不躲避不隐藏，进者撑起慧心精致的小伞，要么出以柔中带刚的重拳；退者，轻擎一杯咖啡，凝望远方，等待着雨过的晴天。一切的面对将刻画在她的脸上，让她的心更加从容，无限的魅力和气质，都在淡淡一笑间。

成熟的女人是懂得珍惜的。她们会在平淡中吸吮着甘甜，她们知道，每一个晴天过后都是阴雨，她会在晴天里收集好每一片别人早已熟视无睹的阳光，在阴雨中拿出来和家人朋友一起分享。

成熟的女人懂得自爱。不会保护自己的母亲，又怎么会去保护孩子。她们远离自哀与自伤，她们把生命和这仅有的一遭生活当做上帝赐予的珍宝，活得干净、精彩。

成熟女人懂得放弃。不会放就是不会珍惜，死在手里的花，不如让它在别处娇艳。她们更理解永远的内涵，因为世间本没有永远。永远是心到至真至纯时才能得到的一个至真至纯的信念，人皆凡人，又何求永远？

成熟的女性应懂得烹饪！无论是厨房里的美味佳肴，还是厅堂里的和谐气氛，还是自己内心的苦辣酸甜，都要把它们调好火候，细心烹制。

其实，成熟的女人，才开始有了真情，结束了任性、结束了自负、结束了"海市蜃楼"。她们的感情慢慢趋于稳定，同时也更加风情万种。生活赋予她们以另一种内涵，需要她们用心灵去体验。

成熟的女人，是有血有肉既感性又性感的女人。她们的感性也许不再纯如一杯牛奶、一朵鲜花、一张贺卡，但更加深沉和宽厚。她们不会为煽情而流泪，更关注的是生活本身，母性的成分更浓。成熟女人的性感，不仅仅是视觉上的性感，更是知觉上的性感，本身洋溢的魅力，是撩人于无形，是骨子里的。她们懂得如何经营自己的性感指数，懂得内涵与外表一样重要，更觉得自己与众不同，更懂得作为女人的幸福。

是的，成熟的女人，是最具女人魅力的。从形式到内容，从生理到心理，都步入一个全新的青春岁月，凭着自身的激情与勇气，举步于生活的深层。她的言谈举止，她的风韵，使人感到，美在于内心。她娇而不媚，艳而不俗，风雅而不风骚，娴静温柔而端庄，已走进人生妙不可言的某种状态。

30 几岁的女人们，为我们的成熟而骄傲吧。

·30 岁的女人更要独立·

这个世界上，除了你自己，没有谁会与你形影相随到永远

都说三十而立，女人 30 岁后事业家庭开始趋于稳定，不用再独自面对世间的风风雨雨了，老公、父母、公婆，一大堆人围着自己转。这时候的女人们，忽然开始觉得哪里不太对劲了，好像没有了自主的机会和空间，一切都是那么的风和日丽,生活被别人安排和包容,仿佛一夜之间失去了自我,于是,她开始困惑:如果有一天,亲人们都不在了,我该怎么办?

37岁的朋友欣欣是一个5岁孩子的母亲,她看上去似乎很幸福,老公是一名优秀的外科主任医师,就职于一家很有名气的医院,公公婆婆也很疼爱她,她的生活很平顺,可是这种平顺却常常让她心里很不平衡,甚至有些受到伤害。无论做什么事情,她都不处在中心,总是像个局外人。家里大大小小的事情,比如,生孩子、请客、搬家等,她没有一点发言权,她只要点头同意就可以了。如果她提出一些自己的意见,家人就会说:"我们都考虑过了,已经安排得很周密了,你还有什么不满意的呢?"这让她心里很不舒服,她感觉家人虽然很爱她,但是她需要的不是这样的爱,她需要的是一种独立的感觉、一种参与的快乐,而不是附庸在别人的身上,而不是一味地赞同别人而没有自己的观点。

她说她并不是身在福中不知福,她只是想成为一个别人眼中独立的个体,有自己的思想、有自己生活的方式、有自己的世界。当然这并不是说要和家人分开,她只是想成为家庭团体中一个很重要的个体,而不是幸福家庭中的一个"附属品"。

现在这个时代,女人真的不再是家庭的"附属品"了,女人有了更多自主的渴望和要求。欣欣的故事告诉我们,**女人对幸福的定义不是有一个可以避风的家,而是有独立自主的人格,因为独立自信的女人才是美丽而充实的!**

现在有很多二十几岁闺中待嫁的女孩,每天梦想找个英俊潇洒、有钱有势的白马王子,把婚姻当成一嫁永逸的筹码,满足自己不劳而获的愿望,幻想着自己马上成为童话里的灰姑娘或白雪公主;还有一些做了男人二奶的女人，利用自己年轻貌美的优势，换取一身高贵的华服，却不知一个前途未卜的噩梦在等着你，试想一下你的年轻貌美还有几日？正在迈进婚姻那道门槛的女人，想着有一天夫贵妻荣；走入婚姻的女人，甘愿做丈夫的铺路石，放弃自己的一切，最后，成了一个到处诉苦的怨妇。

上面这些反例都在提醒 30 岁的女人们，你一定要独立。要知道，这个世界上，除了你自己，没有谁会与你形影相随到永远，在精神上、经济上都要站得稳，从你现在还尚且年轻的时候就开始培育自己的事业的根基。相信表面柔弱的你，其实骨子里可以与任何人抗衡。

🌹 独立，就是思想的独立、性格的独立、经济的独立

女人的独立，首先是思想的独立。待人有自己的方式，处事有自己的主见，但重要的是，得注意内外有别。千古良训"夫唱妇随"，讲的是对外政策，在外人面前，绝对要维护夫君的尊严，这是攘外安内的必要原则；对内，则完全不必"夫云亦云"了，要不，夫妻之间聊天交流，还有什么兴致？倒不如让夫君一个人自言自语来得更直接。

女人的独立，还在于性格的独立。婚后的女人，特别是生了孩子以后的女人，却整天低眉顺眼，只知道围着锅台转、围着丈夫转、围着孩子转了，没有了自己的兴趣，也失去了自己的个性。数年下来，与社会脱节，不知时尚为何物，为家庭耗尽心血之后，真正成了个黄脸婆。与其一边埋怨一边操劳，不如让地板脏一点、让衣服乱一点，偷闲看你的小说、听你的音乐、逛你的长街，或者，索性和孩子一起玩遍看来似乎有点弱智的游戏。等兴致来了，让先生带孩子，或者给你打下手，一天洗上三缸衣服、抹遍屋子的角角落落，再顺带把窗子胡乱擦一下，不必如卫生检查团那般苛求。等大致窗明几净之时，可以泡个热水澡呼呼睡一觉，也可以敲先生一记竹

杠，一家人外出大吃一顿，岂不快哉？节日长假，还可以拖上先生、带上孩子，外出旅游一番，只要你愿意，婚前婚后又有什么区别？**会安排生活的女子，永远是新鲜的，哪个男人不喜欢？**

女人的独立，当然还需要经济的独立，所以，不管找工作，还是找兼职，不管赚多，还是赚少，你都得有点经济基础作支撑。当然，如果你赚得太多了，可千万别在夫君面前沾沾自喜，否则将会得不偿失，如今这社会，还是男权占些上风的。

🏵 不做"女张飞"

说到女人的独立，人们就会想到一个高举红旗、坚决与男人进行抗争的女人形象。这种形象曾在全世界被广泛宣传，以至于不少人认为女人独立就应该是那副样子。实际上女人独立并不在于与男人的抗争，而在于找准自己的位置。

深圳有家很出名的"杨杨时装公司"，老板李杨是个成功的女人，她不仅开着最新款的奔驰，还有很多社会头衔。令人深思的是，她想自杀。

她一直在拼命追求女人的独立。表面上看她也独立了，但正是这种独立剥夺了她作为女人的特性——她已不像女人。有些慕名求见的男人，在去见她的路上还迷情幻想，但进门时就像见了女张飞，只说她义气。李杨按竞争社会的需求改变自己，结果令性别模糊，男人将她视为兄弟，女人称她大姐。有不少这样的女性拼博者，都为追求独立而迷失了自己的性别。她们是痛苦的，当忍受不了这种痛苦时，就难免想要自杀。

女人独立的目的不是消灭自己的本性，如果是这样，独立还有什么意义？独立并不是要让一个女人做"女张飞"，独立是一种很高的境界，它

女人要学会遇事冷静,临危不乱。遇到危情,不能吓得脸色苍白、痛哭流涕,往男人的肩膀下钻,用眼泪作为捍卫自己的武器。但是,独立的女人,有头脑,会用智慧,用个性魅力征服危难。她懂得在什么时候安慰男人,并且把男人的自尊照顾好,赢得他真心的喜爱。这样的女人,怎么会成为他眼里的"女张飞"呢?

其实,独立不是女权主义的象征。男人们虽然不喜欢女权主义,独立一点的女子,他们还是喜欢的。如果独立女人会使用"温柔一刀",那可是如虎添翼呀!让男人惨死温柔乡,还在不断地夸着你的好。

看来,独立不是要女人做张飞,而是用智慧去捍卫自己的立场!

·有内涵的女人美得更恒久·

🪷 女人可以不美丽,但不能没有内涵

女人如花,花如女人。如花的女人需要的是内涵,上天赐予女人美丽的容貌、妖娆的体态,但决定女人是善良、平和、公道、浪漫、温柔,还是丑恶、自私、毒辣、无知的,应该是文化思想和内涵品质。女人可以不美丽,但不能没有内涵,唯有内涵能赋予美丽以灵魂,唯有内涵能使美丽长驻,唯有内涵能使美丽得到质的升华。倘若一位女子度量狭隘,谈吐庸俗,纵使其有闭月羞花之貌,也只会黯然失色。

与之相反的是,一个拥有无穷内在魅力的女人,善良、温柔、优雅、大方

……纵使外表平凡如常人，却总会令人刮目相看。这个女人也会因之变得可爱、变得生动。在他人的眼中，有内涵的女人美得更脱俗、更恒久。

《简·爱》为我们塑造了一个拥有丰富内涵的知性女子，她的自尊和对光明、圣洁、美好的追求，打动了成千上万的读者。

简·爱生存在一个父母双亡、寄人篱下的环境中，从小就承受着与同龄人不一样的待遇，姨妈的嫌弃、表姐的蔑视、表哥的侮辱和毒打……这是对一个孩子尊严的无情践踏，但也许正是因为这一切，赋予了简·爱坚强不屈的精神和一种不可战胜的内在的人格力量。

在罗切斯特的面前，她从不因为自己是一个地位低贱的家庭教师而感到自卑，反而认为他们是平等的，不应该因为她是仆人，而不能受到别人的尊重。也正因为她的正直、高尚、纯洁，心灵没有受到世俗社会的污染，使得罗切斯特为之震撼，并把她看做是一个可以和自己在精神上平等交谈的人，并且深深地爱上了她。

简·爱的形象影响了一代又一代人，她那纤纤弱弱的身躯里竟然蕴藏着如此巨大的能量，内心如此高贵，内涵如此丰富，表现出强大的生命力和人格魅力，任凭时光流转，这种魅力永不减退。内涵是女人魅力之本。她充满智慧，眼光精明，绝不是小女子见识，她的悟性源于对生活、艺术的理解，她的气质源于人格深层的自然流露，她稳重、知性，周旋于人与人之间，应付自如。她爱自己，更爱他人。

30多岁的女人，内涵显得尤为重要。那么，如何才能提高你的内涵呢？一般而言，中国传统的琴、棋、书、画是充实内涵的最好方式。因为这四者中无论哪一种，其本身就蕴涵着极其深厚的文化底蕴，这对学习者心灵的滋养是大有好处的。另外，也可以运动、读书等。只要培养起一种业余爱好，无论是跳芭蕾，还是弹钢琴，或是其他的活动，凡是那些有益身心的事,都可能在潜移默化中对你的内涵产生影响。

❀ 内涵是一种无声的语言

一个有内涵的女人,浑身散发着美好的气息,美丽与优雅在自然而然间流露,气质不凡的她们,一颦一笑的沉稳与端庄对她们来说已是运筹帷幄,她们展示出的那种无形的魅力,并不需要多说什么。

《千手观音》中的邰丽华用无声的内涵征服了全世界的人。

邰丽华曾经用这样一段文字,精辟而质朴地概括了自己的人生哲学:"其实所有人的人生都是一样的,有圆有缺有满有空,这是你不能选择的,但你可以选择看人生的角度,多看看人生的圆满,然后带着一颗快乐感恩的心去面对人生的不圆满——这就是我所领悟的生活真谛。"

舞蹈使邰丽华品尝到无穷的欢乐,但她知道,在现代化的今天,知识对于一个人的重要。17岁那年,她给自己定下新的目标:上大学。于是她又将自己练舞的倔劲放在学习文化课上,后来如愿以偿地考取了湖北美术学院装潢设计系,成为了一名大学生。

一双舞鞋,陪伴邰丽华度过美好的时光,带给她人生最大的快乐。这位生活在无声世界里的姑娘,用轻灵的舞姿征服了人们。在观众心中,她"像千手观音一样善良,像孔雀一样美丽"。

邰丽华领舞的《千手观音》美得令人震撼,一下子征服了观众的心,她本人更是被观众亲切地称为"观音姐姐"。

提及个人的荣誉,邰丽华很平静,她说,她始终记得演出《千手观音》时,自己身后还有20个人,"这不是我个人的荣誉,也不是中国残疾人艺术团的,它应该属于整个残疾人事业。"

《千手观音》出名后,很多商家邀请邰丽华做广告或担任形象代言人,她都拒绝了。她说，一个舞者必须保持内心的平静。"舞蹈让我觉得快乐，而成功，只是生活额外的恩赐。"

在无声的世界里，邰丽华创造出一种特殊的美丽。一个真正有内涵的女人，即使有缺陷，也丝毫无损于她的美。

一个有内涵的女人不管她处在什么样的位置，拥有什么样的权力，她都不会太在意自己，拿自己当回事，她会处处以一个平常女子的心态要求自己，平和地看待事情，用自己善良纯真的本性，无私而又真诚地帮助需要她帮助的人。她的眼睛里总会充满着善良与智慧，举手投足之间的从容，镇定和落落大方浑然天成，散发出一种人格的魅力。

🪷 有内涵的女子完全不需要借助任何外力

有内涵的女性她们的心灵是鲜活的，她们能在细微之处发现问题，但不疑神疑鬼。能在任何时候深呼一口气，告诫自己不要惊慌失措或乱发脾气。她们能透过现象看到事情的本质，找出事情的焦点所在，不埋怨，不指责对方，而是以女性特有的韧性，在克服困难中寻找幸福，并善于用知识和才华不断丰富完善自己，做到自立、自尊、自爱、自信。

有内涵的女性心地善良、富有爱心，女性美的核心是品质。温柔而不软弱，开朗而不失文静，通达而不世故，细心而不拘泥，具有现代女性的潇洒。这样的女性总是最受人喜爱，与她相处能够感觉到氛围的融洽，感受到生活中乐趣的所在。

有内涵的女子必定具有丰富的学识和修养，会认真地倾听别人的谈话，不会抢话说，不会为了显摆自己而在大庭广众之下喧哗取闹，不会在人多的时候夸夸其谈，张扬自己的个性。

有内涵的女人也必定是沉稳而收敛的，知道什么该说，什么不该说；

什么该做，什么不该做。会恪守"君子相交不出恶言"之道，即使碰到实在难以相处下去的朋友，分手之后，也绝不会恶言相向，不会背后去品评别人，传播别人的闲话。别人的东西再好，也不会觊觎，更不会产生贪婪之念而处心积虑挖空心思地想去得到。不会为了上下级的关系苦恼，不会在同事之间勾心斗角、制造矛盾，不会为个人利益不择手段地伤害别人，不会对别人刻意的伤害选择报复。

有内涵的女子完全不需要借助任何外力，内在的美感就会令人怦然心动。女人啊，莫要待到美貌凋谢、青春远逝时，空守一堆瓶瓶罐罐和华丽服饰，仓仓皇皇老去……

·你是"有品"的高级女人吗·

❀ 品位是一个人生活态度的外在体现

女人也分级别吗？我说是的，当然这个级别不是封建社会的等级制度。其实，女人的级别都是自己给自己的，级别高低与经济条件和生活状况没有任何关系。那和什么有关？是品位，对，我可以笃定地说，是品位。无论你是不是"富婆"，只要你有品位，你就可以做一个高级的女人。

30岁的女人不同于20岁的女孩，20岁的女孩穿衣打扮、为人处世没品位，大家会宽容地说：她们还年轻，年轻人嘛，怪异一些、幼稚一些、叛逆一些也没什么，大家都是从那个年龄过来的，可以理解嘛。可是，30几岁的女人就不一样了，这个年龄的女人总是容易被人们用苛刻挑剔的眼光关注，所以，一定要让自己的品位提升起来。

我身边有很多这样的女人，她们不断地在为自己购置东西，可是真正到需要的时候却拿不出一件像样的东西。可是，有的女人哪怕是戴一项简单的帽子，都让人觉得很有格调。其实她们之间的差异并不是钱的多少，也不是身材的不同，而在于她们的品位！

想当然地认为品位和金钱挂钩，是很多人会犯的错误。其实品位和钱并不等同，是的，它们之间的确有密切的关系，很多东西都可以用金钱来弥补。但是真正的品位是金钱买不到的，而是从最基本的事情开始，从身边的小事开始培养、改变，来提高自己的品位。简简单单的购买商品的过程，其实就是一次选择的过程，而这个过程就正好反映了一个人的品位。如果把每一次选择都当做人生的决定，你一定觉得太过沉重，但如果把每一次选择都当做是提高和累积品位的过程，你一定不会反对。

买东西，就要买自己满意的东西，一件满意度 90% 的衣服可能会因为那 10% 的不满意而被闲置在衣橱里。有的人总是购物，却没有一件称得上有品位的东西，而这些人的借口无非是没时间和没钱两种。时间是可以挤出来的，只是看你如何安排；钱也不能成为品位的关键，因为我们谁也无法想象，一个人在中了几十万的彩票后第二天品位就能迅速提升。品位，在某种程度上是一个人的生活态度的体现，有的人就是能够用有限的金钱打造出人人称赞的品位来，这是一门学问。想要提高自己的品位，千万不要因为商品的廉价而使自己的消费冲动起来。不要买那些仅仅是因为价格低廉而吸引了你的东西，而要专注那些你喜欢、价格又在你接受范围内的东西。当然，有的时候，当你可以承受时，偶尔买一点贵的东西应该也不是什么不可理喻的事情。女人是需要包装的，你不一定要妖艳，但一定要优雅、要有涵养、有品位。

🔥 任何一个角色都是展现你品位的舞台

记得一位电视节目女主持人说过，她不愿做只是外表漂亮的女人，而更想成为一个有品位的女人。

所以，有品位的女人不光要有装饰外表的独特眼光，有品位的女人更应该是有责任感的女人，无论在生活中，还是在工作中，她都会尽力"演"好每一个角色，好女儿、好妻子、好母亲、好员工。

有这样一些女人，她们觉得品位就是每天穿得花枝招展，打扮得很时髦。她们从来不看书，把大部分时间花在打扮上，或是逛商场上，或是社交上，对家人很少过问，很少和丈夫谈心，更谈不上陪孩子学习了，她的心思完全放在如何展示自己的服饰上，让自己的回头率更高，能得到别人的赞美，来满足她们的虚荣心。

还有一些女人，每天忙于打麻将，自己玩得昏天黑地；或者东家长，西家短地忙于传播各种八卦消息，尤其喜欢讲一些桃色新闻；爱占小便宜，与别人相处斤斤计较，处处都要占上风，没有一点宽容之心。

一个无法在生活中扮演好自己角色的女人，她一定不是一个有品位的女人，因为任何一个角色都是展现你品位的舞台，你糟蹋了这些角色，其实就是降低了自己的品位！

🔥 不是生活状况决定品位，而是品位决定生活状况

有品位的女人，在孩子面前童心未泯，在丈夫面前细心温柔，是父母眼中的骄傲，她从不会因为家务繁琐或者关系亲近就怠慢了自身的修养。

有品位的女人，应该是这样的：永远得体的装扮，永远脱俗的气质，永

侧栏：30几岁的女人美丽箴言

远微笑着聆听，谈吐文雅大方，从不张扬，不会浓妆艳抹，不会紧跟时尚，但她会让自己从内到外都散发出炫目的光芒。

有品位的女人，不管在任何场合出现，都会有种清风徐来的感觉，她对每个人都持友好态度，在微者面前不傲，在高者面前不卑，不会哗众取宠，更不会有什么不良和不道德的言谈举止。但是，有品位的女人可能会在自己心爱的人面前蛮不讲理地撒娇，在生活中仍然不失温柔。

有品位的女人，工作是认真的，在同事中有极好的人缘，在单位里是不可多得的人才。工作起来独当一面，挥洒自如，不会争权夺利，不会邀功请赏，作为她的同事，你会感觉很幸运，常常会感受到一种沁人心脾的芬芳。

有品位的女人，她会精心包装自己，她的衣服不会五彩斑斓，过分张扬，也不会紧追流行前卫，哗众取宠，只会符合自身的特征个性，什么场合穿什么样的衣服，让人感觉不张扬、不媚俗，却修饰十分自然得体。

有品位的女人喜欢看书、听音乐，她会坐拥书城，读书让她兰心蕙质，她可能没有漂亮的外表，但她有聪颖的文人气质。她给人的感觉是亲切随和，与人相处也是通达和谐的，让人对她的态度是一种可感可想但不可触的。

有品位的女人，一定是个知书达理懂事的女人，千丝万缕托付于宽厚的他，岁月离合，执子之手，生死契阔。她懂得男人的尊严，她可以在家抨击自己的老公，但绝不会在公众场合去数落他；她可以有自己的梦中情人和蓝颜知己，但她会把握分寸，不会打搅到别人的生活，更不会对异性过分的热情，因为她知道，自己的价值，不是为了取悦异性。

不是生活状况决定品位，而是品位决定生活状况，这句话并不夸张。如果想过比现在更好的生活，那就从提升自己的品位开始吧！因为提升品位，无异于提前进入你期望中的美好生活。

· 你不是别人，你就是你自己 ·

🌸 世界上没有两片完全相同的树叶

　　30后女人思想成熟的标志是什么？应该是不再随意盲从的个性。20几岁的时候每天都跟在时尚的后面跑，今天流行萝卜裤，跟着别人就往自己腿上套，也不管是不是适合自己；明天看着满大街的人都穿露背装，一股脑就那么穿在自己身上，哪里管得了后背露出来是不是好看，哪怕引来无数怪异的眼光也毫不畏惧。看着李家美眉在学钢琴，自己也想玩玩艺术，于是忙着报钢琴班，可是渐渐地发现自己一点音乐细胞都没有；忽然有一天又发现张家美眉跳芭蕾，于是又萌发了跟风的念头……周而复始，到头来，都不知道自己到底喜欢什么、适合什么，开始让自己变得盲目而无所适从。

　　30岁了，我们不能再在盲从中浪费时间了，现在要紧的是赶紧住把握属于自己的个性，这才是正经事儿啊！

　　这个世上没有复制的美丽，只有真实个性的魅力。你可以像王菲一样酷，可以像刘嘉玲一样高贵，可以如张曼玉一样典雅，可以像林嘉欣一样清新，可以认真如徐静蕾。但是你要还原你自己，看清楚自己到底是哪种类型的女人，并且要将自己的个性发挥到极致。美丽是短暂的，但如果融合了个性美，也可以是长久的。

　　"世界上没有两片完全相同的树叶"，从此便成了一句至理名言。就拿我们的手来说，世界上没有一双是相同的，因为每个人的指纹都是不一样的。任何自然形成的事物都有与众不同的地方,任何生命都有自己独特的个性。**"一花一世界"**,**正因为个性的存在,才构成了七彩斑斓的生命,才有了形形色色的社会,一个人如若失去个性,生命的意义将是一片空白。**

🏵 "个性"决定了你的社会地位

有个性的女人从不对时尚发高烧。时尚总是为女人披上小资、中产等外衣以博芳心，而有个性的女人对这些富丽堂皇的名称的温度永远是36℃——不冷不热、不温不火。绝不会削足以适之或狂热以追之。千万不要认为她不解风情，有个性的女人会从时尚中冷静地发掘适合自己的因素,她会摒弃时尚,而崇尚自我,谁又能说这不是一种时尚呢? 常有些看似平常的女人,在你不经意间从你眼前飘然而过,但当你止步注目,总是有一些看似不经意的雕琢值得你细细品味。真正懂得装扮自己的女人往往是有品位的女人。看有品位的女人的衣着就如同欣赏日本文学——一碗清澈见底的水,品过之后才知道里面是加了盐的。

人活着,就要活出自己个性来,按自己的意愿设计自己、照自己的爱好包装自己、依自己对生活的理解确定自己的人生坐标,绝不随波逐流,被他人被世风牵着鼻子走,处处显示与众不同的你,保持独立人格与尊严的你才是最美丽,才值得他人尊敬。当别人都在画眉纹眼时,你素面朝天脱他一俗;当别人长发披肩张扬女人味时,你不妨一头短发示人找找清爽的风采;当别人一改贤妻良母的传统形象欲置男人于膝下时,你学学刘慧芳让夫君尝一尝什么是温柔;当别人纷纷加入"追星族"、"发烧友"时,你换一个活法追追英雄人物之星当个正气凛然的好汉; 当别人茶余饭后大谈"大款"、"大腕"以钱为荣以钱为乐时,你清心寡欲读书学画崭露一下别人没有的才华;当别人炫耀父母依赖父母前程一路绿灯时,你丢下那根拐杖独闯天下甩开世人的冷眼；当别人唯官是图整天忙于上下钻营时，你廉洁清正义斩邪恶活他一身自在、坦然……

个性的意义远不止于此，它对女人的一生实在是太重要了，个性左右着你的未来。没有个性的人，必然是一个没有多少主见与魄力、经不起困难与挫折、缺乏想象力创造力的人。这类人往往是甘愿从属于人，受制于事。面对这样的人，社会能把重要的岗位托付于她？领导会把事业的希望寄托于她？

个性决定了你的社会地位。没有个性的人，缺乏人格威力与魄力。不管你长得多漂亮，别人总不把你当美女看。

个性影响着人的生活状态。有些人活得潇洒，有些人过得沉重，原因恐怕不在于物质上的多少，而多在于个性支配下的人的活法。个性爽朗、笑对人生的人，尽管喝着一碗面糊糊，但常能听到她们爽朗的笑声，烦恼和忧愁总不来找她们的麻烦。就是偶有心事，也会被众多的朋友所分担；个性郁闷、苛求一切的人，尽管生活条件丰厚，但她们总跟周围的一切过不去，整日满目愁云、伤心伤身。

一个人的个性表现，并不是毫无道理的倔强，不是是非不辨的我行我素，不是认死理儿、钻牛角尖，也不是哗众取宠、唯我独尊、不食人间烟火。

个性，是那种对人生有独特见解，对纷杂的社会现象有独立的判断能力，善恶分明，自强自立，有做得了自己的主人的胆识与气质。健康的个性，绝不是先天生就的。所以，赶紧找回失去的你，活得像自己。

✿ 失去自我就一定不会幸福

有一句歌词是这样唱的："为了天空飞翔的小鸟，为了山间轻流的小溪，为了宽阔的草原，流浪远方，流浪，为了梦中的橄榄树……"太熟悉的歌词，它的词作者三毛,放浪不羁的个性使她独闯撒哈拉,至今还是多少人难忘的一段佳话。几乎全世界都知道三毛的《橄榄树》,知道她的《撒哈拉的故事》、《万水千山走遍》……知道她的心和她心中的天空……

浪迹天涯的三毛特立独行,活出了一个与众不同的精彩的自己!尽管三毛已经不在人世,但是人们永远记住了那个披着长发,携了书和笔漫游世界的形象,充满了与众不同的个性魅力!

看了很多为了财富而落寞的女人们,还有可怜的以爱情名义而生存的女人们,甚至为达目的而不择手段的女人们,最后可能失败或者成功,但是最终她们只能成为一个躯壳。因为她们为了活得像别人,像别人一样富有、像别人一样拥有完美的爱情、像别人一样奢华,最后她们失去了自我,也失去了真正的快乐!

所以,女人,你可能不够美丽、可能身材有缺陷、可能地位低下,但是只要忠于自己,有自己的个性,你同样可以让人羡慕。你可以每天都扬着头愉快地做你的事,不管别人的眼光。你可以做丝一般温柔的女人、可以做钢一样强韧的女人、可以如莲花一样纯洁,只要活出你的个性,做回你自己,你就是个幸福的女人。

30 几岁的女人,尽情张扬自己的个性吧,拿出自己的勇气与信心,**展现风采,秀出自我,让别人也让自己明白:我有我的个性,我有我的风采,我是最棒的!**

第二章 30岁不是女人的顿号

30岁,对女人来说好像是一个顿号。之前蹦蹦跳跳的人生,到了这里似乎突然变得尘埃落定般的安静。

30岁了,有些事情好像来不及做了——比如好好谈场恋爱……有些事情好像都不敢做了——比如放弃安稳的生活去追逐梦想……

30岁的女人,开始留意别人的生活——同宿舍的闺密有的已经富贵、有的开始枯黄,对很多人来说生命已成宿命……

30岁的女人,开始在乎别人的目光,开始越来越畏惧别人的否定。于是,开始精致、开始优雅、开始……

我们都30岁了,我们还能做什么?

我们能做的事情还很多,30岁不是女人的顿号,是人生最美妙的开始……

·书中自有黄金屋·

让读书成为女人过日子的一部分

我敢断言,"书中自有黄金屋"是一句至理名言。如果说有人没有在书中找到通向黄金屋的道路,那一定是她阅读的书籍太少的缘故。

女人30,工作和家庭的双重压力让她深感生活的艰辛,沉甸甸的岁月揉碎了多少女人心中飘逸的梦想，女人的世界从此变得狭窄，对家庭的责任让她常常忽略了自己的存在，她发牢骚、她抱怨，但牢骚抱怨之后，生活依然继续，女人依旧忙碌。

但是，女人再忙，也要腾出时间来，为自己充电，充电要做的第一件事就是读书。

生活中有这样一些女人，她们喜欢书。买书、读书、写书是她们经久耐用的时装和化妆品。朴实的衣着，不加修饰的面庞，走在花团锦簇、浓妆艳抹的女人中间，反而格外引人注目。她们身上的什么东西吸引了人们的眼球？我想，是气质、是修养，是浑身洋溢着的书卷气。

女人读书的第一步，是学会"亲近书籍"。当我们外出采购，不妨也到书店去走一走；当我们度假休息，图书馆也应是我们的选择之一；当我们安置家居，也给我们的书架和我们的书桌留出一个小小的空间；当朋友们相聚聊天，书籍也可以是我们经常交谈的话题——哪怕是从形式上、从装饰门面开始，从读小书、读闲书起步，也会是一个好的开端。女人的日子通常被生活琐事切割得太碎，女人的兴趣遍布在生活的各个角落，女人可读的书籍因此应该无处不在——书籍应该随手可以拿到，读书应该可以随时开始。女人读书，不必正襟危坐，不必烟茶到位，不必特别计划，而应像呼吸和喝水一样，可以随时受用。

让书籍像化妆品、像服饰一样走进我们每天的生活，成为我们过日子、美化生活、健美自己不可缺少的部分。化妆品和服饰美丽着我们的容颜和身体，而书籍却能美丽身心，使我们在精神上永葆青春。第二步才是读书技巧。与男人不同，女人读书，首要的问题不是怎样读一本书，或怎样读懂一本难懂的书，而是读书的意志。因此，女人读书，不能单凭个人兴趣，而是要有一种明确的意识，要靠一种意志去读书。

在繁忙的工作和家务之余,女人的读书时间往往是破碎的,为了将这些"破碎"收拾成为"完整",女人读书尤其需要做笔记。读书笔记可以有两种形式:一种是摘录书中的要点和精彩的片段。"写下"与"读过"很不相同,它能帮助我们清理思路,增强记忆,便于知识的积累。另一种则是侧重于写下自己的感想,评论书中的是非长短,尝试表达自己的思想。这同时也是文笔的练习和温习,使得你在读书的过程中也完成了自己的习作。

女人读书,不同于男人,你必须有足够的思想准备:30岁的女人读书不受鼓励,你必须鼓励自己,学会自己去图书馆和书店,去找自己需要的书读;成家的女人没有时间、甚至没有地方读书,你必须给自己安排时间,让家中永远有你读书写字的一个角落;女人读书必须自己照料自己,没有人甘愿操持家务支持你读书,你不得不在"百忙之中"学会读书。女人因此要为自己读书培养环境:做女孩儿时,说服你的父母允许你多读课外书;恋爱中,卿卿我我时也要有些分享读书的时刻;婚后家庭生活中,要让丈夫和孩子认可你读书的习惯和权利——当你自己读书,你的家庭也会因此受益,平淡乏味的日常生活中会增添许多乐趣。当然,如果你有女儿,你该去鼓励女儿读书,让她在成长道路上多一个伙伴、一个精神上的朋友——书籍可以帮助我们打破"代沟",让女人跨越年龄和时代,相互同情、相互理解、相互支撑。

🔥 让书唤醒女性的主体意识

读书无涯,读书无禁区。首先,要多读女性作家写的书,特别是女性理性探索的书籍。女人的书大体有两类。一类是情感型的——女人通常最爱读这类书,但是有必要指出,这类书往往不是在引导我们向前走,而是向后看,比如琼瑶的书。这种书是一个陷阱,一个历史上旧女人的陷阱,迎合着我们传统的心态和过时的趣味，将女人终其一生去努力和期待的幸福系于一个男人、一份爱情、一个终成（或不成）眷属的喜剧（或悲剧）。

另一类书籍，是女性自己理性探索的真实记录。这些几乎都是妇女解放进程中一些里程碑式的著作，我把它们看做是每一个渴望认识自己、寻找自我精神家园的女人的必读书。这些书不仅记录了全世界所有的女人们共同的寻求解放的历程，也诚实地写下了她们对生活的思考：经验和教训、困境和出路、屈辱和成就——那其实也就是我们每个女人的历史、每个女人必须面对的生活。通过这些书，女性主体意识"超前"觉醒，而无需亲身经历过多的坎坷；女人在精神上迅速成长，而无需再用过多的人生教训铺垫成长的基石。

不过，女人读得更多的书仍然是男人写的书。男人曾经是社会的主人、精神创造的主体，在各个领域早走了一步。女人读男人写的书，通过这些书了解曾经的世界——当女人进入今天的世界，所有曾经的文明成果也是全人类共同的精神财富，女人们学习它、认知它，以便可能完善它、超越它。女人读男人的书，通过书籍去了解和理解与自己不同的另一半人。更重要的是，读男人的书，是在与很多智慧的男人打交道，而不再是终生去"读"一个可能是很愚蠢的男人——男人因此成为我们精神上的伙伴，而不是主人。女人可以通过读书与男人们随时随意平等交流，自我成长，不必也不再把追寻或嫁给"一个出色的男人"当做幸福的归宿和唯一的理想。

书女必淑女

女作家毕淑敏说：我说的读书，并不单单指曾经上过小学中学大学硕士博士，读过一本本的教材。严格地讲起来，教材不是书。我说的读书，基本上也不包括报纸和杂志。好书是沉淀岁月冲刷的沙金，很重，不耀眼，却有保存的价值。书对于女人的效力，不像睡眠。睡眠好的女人，容光焕发。失眠的女人，眼圈乌黑。读书的女人和不读书的女人，在一天之内是看不出来的。日子是一天天地走，书要一页页地读。轻风朗月水滴石穿，一年几年一辈子地读下去。书就像微波，从内向外震荡着我们的心，徐徐地加热，精神分子的结构就改变了、成熟了，书的效力就凸显出来。

好书对于女人，是家乡的一方绿色水土。离了它，你自然也能活。但与书隔绝的日子，心无家园。半生过下来，女人就变得言语空虚眼神恍惚心地狭窄见识短浅了。因此说："淑女必书女。"我想补充的是：书女是雅典娜，是青春常驻、永远美丽的智慧女神。

不管你是在等待迟到的朋友，或者长时间坐公交车，在到达下一个目的地还有一段时间时，如果你能够选择读书而不是无聊地打发时间，那就说明你已经比别人领先一步，占有优势了。

·艺术是一块遮羞布·

🌸 何必在不相干的人和事中浪费时间

熔儿在搬家时偶然发现了丈夫过去的一本日记，了解到丈夫以前和恋人之间的一些事情，从此，她就天天审问丈夫这是怎么回事，而且她自己还把日记反复看了多遍，熟记在心，走到哪里，都会回想起丈夫过去是否和别人来过这里，做了什么，等等。

这令她非常痛苦，整夜整夜地睡不着觉，白天也无心工作。他们的孩子都上小学了，熔儿不想和丈夫离婚，但也不能原谅丈夫，就这样互相折磨着，使丈夫也痛苦万分。

许多女性虽然没有这样极端的行为，但她们也还是常常怀疑丈夫或男友的忠诚，把很多精力用于胡思乱想。她们不仅对对方缺乏信任，更缺乏自信。我曾经问过有这样经历的一些女性朋友：人生的时间有限，我们拿多少时间来真正考虑过自己的生活、学习和娱乐呢？我们是否值得把这么多的时间来想一些不相干的人和事呢？有些人听后会恍然大悟，觉得自己是应该多考虑自身的成长，与其像看贼似的看住丈夫，把自己折磨得心神俱损，容貌憔悴，还不如花时间去提高自身素养，多学些东西，从各方面来完善自己。

🌸 艺术是一块很好的遮羞布

除了书籍，女人的品位也是被各种艺术作品熏陶出来的。经典的艺术片、古典音乐、歌剧、舞剧、话剧等不同门类的艺术品，都会给女人的灵魂以滋养，久而久之，女人高雅的品位自然生成。

学习艺术有助于培养审美观，对自己服装和化妆的品位也很有好处。有些女人的审美观很可怕，穿着打扮自己以为好看的不得了，其实着实恐怖到惨不忍睹。艺术有助于不让自己出丑，提升品位，是一块很好的"遮羞布"。

艺术让人的心灵纯净进而获得升华，它没有国界，没有距离，没有贫富与等级，艺术真正体现了人格的平等与精神的富有，懂艺术的女人充满了灵气。

作为一种重要的艺术形式，音乐有着其不可或缺的作用。而由于性别和分工的差异，女性音乐修养的提升有着独特的意义，它不仅有助于女性审美心理的提高，而且有助于女性性格情操的陶冶，还能实现人性的塑造，同时，它还有助于女性道德素质的润化，帮助女性更好地融入社会。试着在一个飘着小雨的午后，想象着自己是一位弹古筝的淑女，灵动的纤指挥舞着轻飘的绢袖，高绾着发髻伴着雅韵律动，淡染脂粉的姣容凝聚于乐律的境界……那幽静的楼阁，正处在黄昏的细雨时分，透过香炉的袅袅轻烟，隐约可见窗外滴雨的芭蕉叶，正伴着琴声缓缓地摇曳……一曲高山流水在指间轻漫飘飞，远处，正有知音倾听……

她是一位五十多岁的女人，气质高雅，风韵犹存。她从杂志上读到我的文章，便打电话给我，我们相谈甚欢，成为了忘年之交的文学朋友，我亲切地称呼她兰姨。多年以来，她读书、写作、开博客、学绘画，把平淡的生活调配得活色生香。她曾经赠给我一幅手绘的秋菊图，花瓣繁而不乱，柔软中显现风骨。我把这幅画贴在办公桌上，提醒自己去除浮躁，心淡如菊。每当我躬身接近它时，总情不自禁地感叹：这个懂得艺术的美丽妇人让我明白，女人虽然无法与岁月抗衡，但可以如她那般优雅从容地走过人生。

一个成功的女人就是一个成功的演员

女人需要学习的东西还有很多：女人要懂点哲学，它可以让你睿智与清醒，保持豁达与开朗；女人要懂点历史，它可以增加你的知识厚度，让你在风云变幻的世事中时刻保持一份通达和清醒；女人要懂点文学，它是人的精神之林中的一片红叶，浪漫与理想是它的灵魂。只有充实的女人才会成为别人眼里最亮丽的风景。

于丹教授说，女人有四种角色。一是职业角色，在这个角色中，女人首先要体现男女平等，用女性的优势比男人更出色地完成本职的工作；二是家庭角色，女儿、儿媳、妻子、母亲，要做好相夫教子的工作，相是辅佐，教是教育,能辅佐好丈夫,培养好子女,要求的不仅是贤惠与勤劳,更加需要见识与方法;三是社会角色,要充分展示女人的个性魅力,也许是谦和充满人性味的女领导;,也许是聪慧而机敏的女同事,也许是风趣幽默而妩媚的女同学,也许是泼辣爽利的女伙伴;四是心灵角色,这是属于你自己的空间,是支撑你的强大的精神领地和灵魂的憩园,也是唯一你能自己主宰的东西,每个女人都要经营好它,它是我们自尊、自立、自强的不竭的源泉。一个成功的女人就是一个成功的演员。

女人一生要扮演如此多的角色,所以必须不断完善自己才行。不要在抱怨和无谓的沮丧中浪费时间了;也不要再花费精力跟踪算计自己的丈夫了。把这些时间留给自己吧,为自己报个班,学学绘画、学学音乐,或者看看歌剧、舞剧、话剧,让自己活得高雅一些,就算是附庸风雅,只要可以做个美得冒泡的女人,那又何乐而不为呢?

·放开脚步去旅行·

🏵 旅行成就梦想

30 几岁的女人,不要为了某种别人看来必须要完成的事情(比如结婚、工作等)而随意停下自己的脚步,如果有条件,你要独自出一趟远门,就算是条件不允许,你也要有挣脱枷锁、独自闯荡天涯的气概,神游万水千山。30 几岁的女人,甚至可以放弃安稳的生活,去追逐自己想要的生活方式。

"走过那条小河，你可曾听说，有一位女孩，她曾经来过……"一首曾经震撼了无数人心灵的歌，它的演唱者朱哲琴，一个游走天涯的歌手，她一路唱着从远方走进了人们的视线，让人们记住了这个洒脱而自由不羁的女人！

1994年夏天，朱哲琴为体验《阿姐鼓》的创作，打扮成破破烂烂的形象进藏了。她戴着一顶旧毛线帽子，两边有两个长带子；穿着破棉袄、旧背心……刚去时她很活跃，到处乱跑乱跳，结果因为缺氧，很快就晕倒了。连续去了多次之后，她的状态越来越好。白云蓝天雪山下这片不可思议的地方，渐渐成就了朱哲琴对宇宙、生命的了悟。

一天深夜，她来到布达拉宫下，独自蜷坐至天明。同伴们到处找她，开车到每个饭店去找，又去一片森林里找，到处都找不到。但第二天她回来了，她兴致勃勃地说：她一个人坐在布达拉宫前面的角落里，一直在看各种东西，看月亮和星星……早晨四五点钟，听见远处传来叮叮咚咚的声响，不知是马还是牛拉着车子，是去天葬的人经过那个地方……她在那里感受了奇妙的一夜。

中秋节的上午，在前往哲蚌寺的路上，经过一个藏民的小院时，朱哲琴看到一位藏族母亲在给婴儿抹酥油：黝黑的小屋中，一双满是皱纹的手，为躺在羊皮袄上的粉嫩的身体擦油……听着人们晨起安抚已逝灵魂的早祷声，看着日光下浑身反射出太阳光辉的初生的婴儿，她也许就在那一刻体验到："最后的死去和最初的诞生一样，都是很温馨的时光……"

从西藏回来后，当朱哲琴唱起《阿姐鼓》中的歌，她已有了一种发自内心的感悟……传递简单温暖的幸福。

人们从朱哲琴演唱会的宣传带上，看到她搂着一只藏人肩背的奶桶，纤长的十指把那只普通的奶桶当成一件完美得不能再完美的乐器。那是在哲蚌寺的院子里，天快要黑了，那个地方很静很静，这时她看见了那个奶桶，不由自主地抱起它敲了起来，寺庙内外响彻着那个桶的声音，那个声音特别干净、透亮，最后她甚至忘了同伴都在旁边，全身心地融入了那个节奏当中。

于是这些声音留在了、融进了、汇成了朱哲琴的歌声。她的音域有如高原的天空一般变幻莫测；她的嗓音和西藏的雪山一样直上云霄。这些都是西藏之行带给她的宝贵财富，如果没有独走西藏的经历，她不会如此真实地诠释这首《阿姐鼓》。

这一生，她走过了无数地方，看过了无数风景，成就了美丽深刻的音乐。

❀ 外面的世界很精彩

一花一世界，一叶一天堂，一个人心底的世界太小，需要出去走走，开阔眼界，放松身心，去领略外面世界的广阔与深邃。**若在熟悉的环境里浸泡久了，生命就会显得苍白和贫乏，需要新的环境、新的事物给生命以润泽和丰富。**

不是吗？平日里，我们每天忙着上班下班，工作学习。不是工作就是家庭，不是老人就是孩子，从家到单位，再从单位回到家，两点一线，忙碌中，看到的是不变的风景，做着的是雷同的事情，生活的激情和浪漫在一点一滴地被消耗殆尽。除此之外，生活在红尘俗世中，总会免不了要被各种各样的人情俗债牵绊着、困扰着，总会遇到很多意想不到的烦恼事和不如意事，谁又能够做到两耳不闻身边事，一心只做圣贤人呢？这些乏味和烦恼的事偏偏虽然是我们生活必不可少的组成部分，谁都无法逃避，但却可以改变。

能够出去走走，不再被生活束缚，做自己想做的事情，学会为所有得到的和失去的事物感恩，接受所有经历的事实，不要太过计较人生的得与失，努力地让自己的生命少一些欲望和奢求，多一些亮丽与光彩。

经常出去走走，走出囿于自己的生存空间，到天地间去享受一份清纯和逍遥，无疑会对增强我们的身心健康、磨炼我们的心智、提高我们的生活质量大有裨益。

生命原本就像不断流淌的小河，只有流水才能不腐！

❀ 熟悉的地方没有风景

熟悉的地方没有风景，所以必须不断地行走、不断地体验，才能不断完善自己，生活才会变得丰盈而充实。

不懂法语没关系，不了解印度的生活习俗也无所谓，也没有必要把自己交给旅行社的导游任人摆布。你已经30多岁了，告诉自己，你绝对可以有这样的能力和魄力去做自己想做的事情，因为你知道，30岁女人还没到需要停歇的时候。

试想一下，背包里装上一本旅游小手册和一份地图，单枪匹马到任何你想去的地方，旅行的过程中，充满了冒险的欢欣和与种种陌生人的邂逅，那该是怎样一种让人紧张而又兴奋的经历？

做你想做的梦，去你想去的地方，做你想做的人，因为你只有一次生命，而且30几岁的女人，你自问还能有多少次这样独自旅行的机会？

30几岁的女人，让身心去旅行一次吧。"人生就像一场旅行，不必在乎目的地，在乎的是沿途的风景，以及看风景的心情。"等你到七老八十，儿孙绕膝时，给他们讲讲你一个人闯荡名山大川的惊险历程是一件很有面子的事。从现在开始再等上十年，到那时即使你想摆脱繁俗的家务一个人去旅行只怕也是有心无力了，所以，明天就收拾好背包起程吧！

·美美地做个梦吧·

🌸 为人生做一次梦，追逐一次自己的梦想

"让青春吹动了你的长发，让她牵引你的梦，不知不觉这城市的历史已记取了你的笑容。"这是著名歌手罗大佑多年前写的一首"追梦人"，写给一个独闯沙漠寻梦、感性而又寂寞的女人。

这个女人就是三毛。她的原名叫陈平，可她绝不甘于陈旧平凡的生活，而是倾其所有追求那份属于自己的梦想。这个不安分的生命，早在求学时便表现出强烈的桀骜不驯的性格，在作文里尽情描绘自己将来的梦想，因为想法"出格"即使被老师责骂，她也不改变初衷。１７岁那年，她只身踏上通往欧洲的路，而她的口袋里只有几百元台币。

也许是为了挣脱初恋厚茧的束缚，或是受异国情调的诱惑，也许是为了寻找她前生作为一个印第安女人的记忆，更或许，仅仅是为了一份自在与无羁，于是，就像一个吉卜赛女郎，注定了无法在一个地方长久地停留；她不停地走，不停地看，也不停地感伤，用自己的方式寻找梦的种子跌落的地方。

女人在一生的征途中，有太多的心愿要实现，有太多的责任要承担。**虽然女人一生要追逐的东西很多，但有一样东西很重要，千万别遗忘，那就是为人生做一次梦，追逐一次自己的梦想，女人的生命会因此而更加充实和完善，更加充满活力。**

其实，每个女人儿时都有过梦想，都有过理想中想要追逐的美好生活。可是生活的残酷和压力使原有的梦想丢弃，在忙碌的生活中迷失了自己，没有梦想的人生是乏味的，所以，别在乎成功或失败，都应该去追逐一次人生的梦想。

女人的梦想就是潜藏在心底的希望，要相信，每个女人都有超越自己的潜能。在梦想中迈开追寻的脚步，才能让自己的人生更加美丽！

🌺 只有追求，梦想才有实现的可能

羽西化妆品的创始人美籍华人靳羽西从小就有很多梦想，她是个好奇心很重的女孩子，对什么都感兴趣，什么都想尝试一下。她学过钢琴、绘画、音乐、芭蕾、英文、法文等。作为第一个被称为"将东西方联系起来"的电视记者，明眸皓齿的她成为当时最著名的主持人之一，直到现在，她独特的主持风格仍然被年轻一辈模仿着。《纽约时报》评价靳羽西时这样说道："很少有人能在东西方之间架起桥梁，但靳羽西却能够做到，而且做得优美、聪明、优雅。"作为一个成功的女人，靳羽西已拥有了相当的财富。她的故事，会使我们对女人味有一个新的认识和理解，小鸟依人的温柔是女人味，而一个女人在不断追逐梦想的道路上所表现出来的坚定、自信和独当一面同样也是女人味，同样也可以使她魅力四射！

每个人心中都有一个梦，虽然工作的压力和生活的磨砺可能让人的想象力逐渐褪色，生活也在日复一日中越来越枯燥。**但女人一定要在30几岁时还有勇气为自己的人生做一次梦，因为若不去追求，随着年龄的增加很多事情会变得身不由己，那么这个梦想便永远都不可能实现了。**

19 世纪初,美国一座偏远的小镇里住着一位远近闻名的富商,富商有个 19 岁的儿子叫伯杰。

一天晚餐后,伯杰欣赏着深秋美妙的月色。突然,他看见窗外的街灯下站着一个和他年龄相仿的青年,那青年身着一件破旧的外套,清瘦的身材显得很羸弱。

他走下楼去,问那青年为何长时间地站在这里?

青年满怀忧郁地对伯杰说:"我有一个梦想,就是自己能拥有一座宁静的公寓,晚饭后能站在窗前欣赏美妙的月色。可是这些对我来说简直太遥远了。"

伯杰说:"那么请你告诉我,离你最近的梦想是什么?"

"我现在的梦想,就是能够躺在一张大床上舒服地睡上一觉。"

伯杰拍了拍他的肩膀说:"朋友,今天晚上我可以让你梦想成真。"

于是,伯杰领着他走进了富丽堂皇的公寓。然后把他带到自己的房间,指着那张豪华的软床说:"这是我的卧室,睡在这儿,保证像天堂一样舒适。"

第二天清晨,伯杰早早就起床了。他轻轻推开自己卧室的门,却发现床上的一切都整整齐齐,分明没有人睡过。伯杰疑惑地走到花园里。他发现,那个青年人正躺在花园的一条长椅上甜甜地睡着。

伯杰叫醒了他,不解地问:"你为什么睡在这里?"

青年笑笑说:"你给我这些已经足够了,谢谢……"说完,青年头也不回地走了。

３０ 年后的一天,伯杰突然收到一封精美的请柬,一位自称是他"３０ 年前的朋友"的男士邀请他参加一个湖边度假村的落成庆典。

　　在这里,他不仅领略了眼前典雅的建筑,也见到了众多社会名流。接着,他看到了即兴发言的庄园主。

　　"今天,我首先要感谢的就是在我成功的路上,第一个帮助我的人。他就是我 30 年前的朋友,伯杰……"说着,他在众多人的掌声中,径直走到伯杰面前,并紧紧地拥抱他。

　　此时,伯杰才恍然大悟。眼前这位名声显赫的大亨特纳,原来就是 30 年前那位贫困的青年。

　　酒会上,那位名叫特纳的"青年"对伯杰说:"当你把我带进寝室的时候,我真不敢相信梦想就在眼前。那一瞬间,我突然明白,那张床不属于我,这样得来的梦想是短暂的。我应该远离它,我要把自己的梦想交给自己,去寻找真正属于我的那张床! 现在我终于找到了。"

　　人活着不能没有一个东西吸引你往前走,也不能没有为追赶这东西付出奔跑,或许,我们奔跑了仍没能追上,但为了有所追求而执著,虽是艰辛的,却必然也是一种幸福!

　　人与生俱来的局限是能力和愿望之间永恒的距离,于是乎,人们便有了梦想。也许你会说梦是虚幻的,也许梦本身就是不能用清醒状态下的语言来阐述的一种冲动,但虚幻的梦所产生的作用是真实的——人贵在有梦、有幻想、有希望,这是一个人生命力强的表现。即使梦失落了,**即使无法企及那迢遥无边的彼岸,但是梦想的完美和现实的残缺毕竟给了我们无穷的力量,使我们有足够的勇气,面对坎坷的人生,在斜阳的凄美中托起一个崭新的黎明。**

　　作为一个女人,心中有不灭的梦想,本身就是一种幸福。因为梦想往往是一个起点,当我们从这头起跑,即便没能抵达终点,追求的路上也能使我们今天比昨天更完美些。年轻的我们需要的是一片开阔的天空和长了翅膀的心灵，就算是梦想超载也没关系，因为我们拥有阳光一样的活力，我们拥有时间和希望。只要我们的梦想值得我们去期待、去完成、去实现，我们就会用时间和希望去投资，用充满热爱的心灵和智慧的头脑去经营，相信生活一定会一天比一天更富有、更丰盈。

·为一生寻找蓝颜知己·

🌸 蓝颜知己的 N 种好处

这个世界上，女人最需要的，除了一个老公，还要有一个蓝颜知己。

公司里遇上麻烦他一定是你倾诉的对象，大街上你的车抛了锚手机一拨他准来，每次你失恋他都会及时出现，每回搬家他都是绝对主力，结婚后吵了架他会陪你看通宵电影，离婚后每次对男人动心你都找他商议……

他与你从未有过肌肤之亲，他不是你的兄弟、不是丈夫、不是情人，但也绝不仅仅是个哥们儿。他大概算是一个自己的知己吧——一个真正的"蓝颜知己"。

他像个垃圾桶，装得下你所有的坏心绪，却从不抱怨你罗嗦；他像空调机，送了热风送冷风，却从不对你发号施令；他从不过问你夜里几点回家、跟谁约会或者是否穿得太性感，不！他不会约束你——他知道自己没有这个权力；他总是在你视线之外，却又触手可及。

你或许会问：这么好的男人在地球上还存在吗？为什么他不是我的丈

夫或情人呢?

找到一个蓝颜知己的关键是既要有一双慧眼,又要把握好分寸。说白了,虽说这年月遇上个好男人不容易,但千万别把你遇上的好男人,都变成你的丈夫或情人。

什么样的男人才是蓝颜知己的最佳人选呢?

他,不大可能是你的同事——不太适于分担公司的秘密;也不大可能是你的老公——他更乐于做你的导师或者保姆;更不可能是你的情人——你们之间的关系太敏感,他无法给你客观的意见,比如对另外一个男人的看法……

🌹 有这样一个心有灵犀懂你的男人,夫复何求?

做蓝颜知己,最重要的是恪守界限。

他们之间空间距离不会离得太近,太近了,知根知底,反倒做不成知己。他们最好是在出差途中相遇,或者在一次意外中相识。她有她的城市她的家,他有他的城市他的家,但这并不妨碍他们之间的理解。也不过随便地聊了一聊,竟然不知不觉就聊一下午,话是那么多,那么的投机而又兴趣盎然。她突然变得很感动,她好久好久没有这么感动过了,日复一日机械的日常生活已汰洗掉她所有的激情,她在不知不觉中变得麻木。而他的出现,却似一抹春天的绿色,阳光般的灿烂擦亮她生锈的眼。

她把他藏在心底,藏在她精神的家园里,每隔一段时间,她会很想念他,想他了就会约了他说话。她没有任何其他杂念,只是想对他倾诉;他懂得她的一切,哪怕叹息、哪怕哭泣。女人经常很脆弱,而这种脆弱,她多半不愿让她的夫知道,她不是不爱夫,这完全是两码事,一个是现实里,一个是精神里。

他静静地倾听，体贴得如冬夜里一杯暖热。他不会刨根问底去探寻她哭的缘由，也不会嘲笑她的孩子气。他没有夫的霸道、情人的贪婪，他是静静的一株勿忘我，在午夜里，散发出清雅的幽香，一点一点沁入了女人的心。在女人哭完的时候，他会沉默半晌，而后很轻很柔地说一句，早点睡吧，别想太多，明天太阳又会升起。女人陡然觉得全身心都放松了，是那种卸下千斤重担般的轻松。

当你卧病在床与病魔激战的时候，拉着你的手慌张无措泪流满面的那个人必是老公。他怕你痛、怕你死，恨不得替你痛、替你死。他哭哭啼啼，痴痴缠缠，让你感动，让你心灵难安。而蓝颜知己却不这样，蓝颜知己不哭，他只是站在床前，静静地凝望着你，阅读你的心灵，然后用他的口他的眼他的心告诉你他知道你痛在何处，他理解你，愿为你默默分担，让你灵魂不再孤寂，令你欣慰。由此可见，二者的本质区别在于：哭，是因为爱你；不哭，是因为懂你。

一个女人，假如生命中有一个刻骨铭心爱你的男人，又能有一个心有灵犀懂你的男人，夫复何求？

你出门远行，音信皆无，蓝颜知己心有牵挂，多次拨打电话，但每次均打不通，因为你关机。待你漂泊够了，蓬头垢面地站到他面前时，他只是盈盈地笑问："好久不见，玩得开心吗？"他不会提及他的牵挂、他的焦虑、他的气恼，永远不会提。他知道提那些东西不是他的本分，他不想爱情，只想友情。他就像一个顽皮的勾魂鬼，只消用一只眼睛对着你就那么一挤一眨，便把你身上所有的女孩的那些淘气、热情、活跃的分子勾了出来。在他面前，你唯有投降，无路可逃。

通常情况下，老公是倾诉者，而蓝颜知己则是聆听者。在他面前女人可以是倦鸟、是浪子，可以疲惫、孤独、无助、逃避、怠惰，而他是能接

纳你的黑夜，给你安静，做你恢复能量的空间。

如果说老公是太阳，情人是月亮，那么蓝颜知己则是星星。太阳月亮有疲倦的时候，星星却没有，它闪闪烁烁若即若离，甘于寂寞却又灿烂而长久。

无论你在别人面前多么地高高在上、不可仰视，在蓝颜知己眼里都只有尊严、没有威严。他能穿过层层面具，如入无人之境地走进你的心灵，用一种你与他都懂的语言来和你进行灵魂的对话。

蓝颜知己可以拥抱，可以彻夜长谈，但绝不能有肌肤之亲，否则，不仅知己不存，连朋友都难做。

蓝颜知己不要求很帅，不要求很高，不要求很有钱，但一定要有风度、有气度，还要有耐心。

🔥 选择蓝颜知己比选择老公或者情侣的标准更严

其实，所谓"蓝颜知己"，就是朋友之上，情人之下，比友谊延伸许多，到了爱情却戛然而止的那一种。

因为在爱情与友情这两座大山中间的峡谷里行走要小心翼翼，所以女人选择"蓝颜知己"比选择老公或者情侣的标准更严。

首先，他必须来路分明、历史清白。女人必须清楚他的根底，才会任命他当这个角色，因此她们的"蓝颜知己"多半是青梅竹马的童年好友、同窗苦读的"同桌的你"、每天要面对8小时以上的同事或贴身女朋友的男朋友等。

其次，他一定是有才华、有能力的优秀男人。因为他优秀，女人不仅仅会欣赏他，而且在他身上亦得益匪浅，所以在芸芸男人当中能破格被提拔到朋友之上，是因了他优秀。但女人会顾虑自己与他生活在一起压力太大，所以又不拿他做"老公"，甚至"准老公"也不行。正因为蓝颜知己这种特质，使女人与他的关系很密切又不会再进一步，并将对他的感情严格控制在爱与喜欢之间。

女人需要这种感情，因为通常女人沉浸在爱情里的时候，是醉着的，处在友情里的时候是清醒的，而与蓝颜知己的交往则是处在半梦半醒之间，虽然有一种飘飘然的醉意，但脚步依然很稳。女人对这种感觉十分受用，这样，她既不用担心自己会晕头晕脑地在爱情中跌跤，又可以享受到清醒的友谊之情，没有迷醉。

拥有蓝颜知己的女人是幸运的女人，与一个没有感情纠葛的男人交往，彼此有那么多的共同语言，有息息相通的感觉，在滚滚红尘中，用一种深沉的感情互相照看，是女人生命中的财富！

🏵 没工作意味着什么？

没工作意味着什么？这只有女人自己才知道。怎么说呢，没有工作的女人也还有许多快乐之处。比如说，你可以在冬日的早晨望着老公忙忙碌碌地洗漱出门，而自己可以继续慵懒地窝在被窝里；你可以尽情地与宝宝嬉戏，而不必担心与他短暂的分离……

可这些与作为一个女人应具备的社会认同感相比，那就没法相提并论了。没有工作的女人，就等于没有了翅膀的小鸟，任你怎么折腾，也折腾不出家庭的圈笼,每天循环往复的家务,孩子的哭泣与尿布……你再也不会对镜梳妆,再也不会涂抹口红,将就着吧,反正就老公一个人看,小孩的事还忙不过来呢。你就在这样自我安慰中,任凭容颜渐渐老去。

其实没有工作的女人最可悲之处还是在于经济,任凭老公再心甘情愿地全部上交他整个月的工资,那毕竟不是自己劳动所得,花得总是有些不自在,想临时开个小差,也要精打细算,自己的父母是补贴不了了,就那么多钱,根本不可能多出外快,再说公公婆婆看着空闲的媳妇也不是滋味。

而且,没有工作的女人,会因为无聊而变得敏感,所以时不时地会发些神精质,也会鸡蛋里挑骨头地与老公争吵。

作为一个女人,家庭事业,一项也不能少,少了哪项都意味着可能远离幸福和快乐。于是,有人说女人是贪得无厌的,唉!不贪能行吗?

所以,我一点也不相信那些所谓的"足不出户在家相夫教子"的女人们有多么的快乐,即便她们有一些快乐,但那也不是发自她们内心的快乐,我不相信这个世界上还有一种依托的幸福让女人们心安理得,如果有,也是她们把自己的幸福束缚在一种畸形的赌注上,来换取一种所谓的幸福。一旦她们有机会走出家门去工作,她们的幸福是远远大于家庭的束缚的。

🌸 工作中的女人,是出色而自信的

芸,是负责技术的总监,她个子不高,人长得也不算漂亮,属于混在人群中很快就会消失了的那种人,但是工作起来,却透着从内而外的沉着和自信,她音调不高,可是介绍起业务来,思路清晰,侃侃而谈,甚至会给人一种赏心悦目的感觉。在这么一个男多女少的领域和群体中,芸靠着自己优秀的综合素质,做得非常出色。

工作之余的芸,随和、低调却不乏女人味,印象最深的一次是出差去香港,我们两人疯狂购物将近8个小时的经历,她酷爱各种各样的耳环、手链,于是我们一起一家一家地逛,一样一样地挑,可想而知,到最后终于两眼花花。

的确,出色的工作能够让女人更加光彩夺目。当今世界美丽且又干练的职业女性数不胜数,如英国前首相撒切尔夫人和惠普的女总裁卡莉·菲奥莉娜等,都是很典型的例子。一位著名学者曾经说:"工作不仅是谋生的手段,也是享受生活的一种载体。"每个人的一生都是在工作、学习和生活中度过的,对大多数人来说,工作一般要占据人生三分之一的时间。对工作的认识,最容易折射出一个人的生活态度和思想境界,而这正是人的内在美的一种表现。

美国有位心理学家把人的需要分为五个层次,从低到高分别是生理需要、安全需要、归属需要、尊重需要、自我实现需要。在低层次的温饱得到满足后,创造更高业绩就成为高层次的需求。女人通过努力创造的工作业绩越优异,自身的价值也就会越高、越接近完美。

现代社会评判女人美丽的标准越来越高了,同时也使每个女性都有了成为美女的可能。只要肯努力,肯在自己的事业中打造一片美丽的天地,那么你就会被列入美女的行列,**因为一个自信、健康、独立、勇敢、坚强的女人一定是美丽的,她们用努力赢得了人们的尊重和赞许,她们用工作业绩描绘着自己美丽的人生。**

❀ 工作中的女人是美丽的

工作中的女人是美丽的,因为她具有了自信、具备了与生俱来的温柔,她给予每个人的照顾往往是超过工作本身要求的。她可以把工作中蕴涵的人性关怀发挥到极致,如暗香沁人心脾。"男女搭配干活不累"的起因,正是源于女人的细心、隽永、淡然、美丽,从而让工作有了一份生动。女人的心气儿很高,她的完美是男人无法逾越的。对完美爱情的过分渴望有时候让女人一败涂地,因为她需要对方的配合,如果男人不做出积极的回应,女人一厢相愿付出得越多,受到的伤害就越大。而工作的独立性给予了女人独自塑造完美的机会,只要她肯付出,就一定会有回报。

我一直坚信工作中的女人是美丽的,如果在家庭中的女人的美丽是一种母性的光辉的话,我感觉工作中的女人之美丽是纯粹而理性的,如一朵盛开的花,它展现的美丽不仅仅是色彩的艳丽、浓郁的香气,更重要的是一种超脱于美丽之上的对生活积极向上的态度。

工作着的女人是美丽的,她们自尊、洒脱而快乐。工作着的女人是浪漫的,她们懂得如何善待自己,享受人生。工作着的女人是聪明的,她们会把握家庭、事业、爱情之间的尺度,让自己从容不迫。

我喜欢工作着的女人,工作着的女人就像早春二月的迎春花引来春意无边,像夏日里的红玫瑰芬芳馥郁,像秋天的菊花朴实无华却能点染一片原野,更像冬季里傲然怒放的腊梅无惧严寒潇潇洒洒。

第四章 优雅一定是 30 岁女人的专利

女人的优雅是骨子里与生俱来的，不需要如花似玉的美貌，也不需要昂贵的时装和精致的化妆，女人优雅的气质，犹如一杯清茶，时刻散发着自己的色和香。

30几岁的优雅女人，首先要有自己的性格，这样的女人性格直爽，说话做事从不拖拖拉拉，对自己不但负责，对别人也一样有责任感。

30几岁的优雅女人，有自己独特的气质，无需华美的服装便能博来众人的喝彩，就像一坛陈年老酒，越喝越纯，越久越香。

30几岁的优雅女人，有自己的处世原则，她不惧怕年华老去，从容地面对岁月的流逝，生活的艰辛和磨难并不会给她带来悲怆，生命的沧桑也不能给她带来惊慌，面对生活中的困难，她坦然自若；面对命运的坎坷，她笑对人生。

30几岁的优雅女人，有自己的快乐，这是女人最重要的魅力之一，特别是中年的女人，她们用自己的生命滋养了丰富的生活，这时的女人，美丽的容颜悄悄地消逝，外在的美丽开始褪色，取而代之的是从生命深处涌动出来的善良、宽容、风度，正是这些构成了这个年龄女人最大的魅力。

亮出你的"温柔一刀"

♨ 懂得以宽容的心去包容,从而获得独到的快乐

温婉不是做作,而应是自然而然的温柔谈吐,婉约举止,它是女人独有的魅力。这种魅力不是来自美貌,而是一种特质。这种特质是营造出来的,是让人沉浸于其中的深沉、文雅与娴静,附之于形则是高贵典雅,才华横溢,气定神闲。

温婉的女人,可以没有惊艳的容貌,可以没有魔鬼般的形体,甚至可以没有优越家境的熏陶,但绝对不能没有与世无争、闲适恬淡的处世态度,不能没有忍耐、理解和宽容。不管何时何地,她们都懂得以宽容的心去包容,从而获得独到的快乐。安静、善解人意、宽容、善良、有爱心是好女人所具备的品质,更是温婉女人不可或缺的要素。

温婉的女人总是怀着一种从容、自信、坦然的情愫,期待着一份心与心的交流与沟通,她们善于在纷繁琐事忙忙碌碌中温婉,善于在轻松自由欢乐幸福中温婉,善于在柳暗花明时温婉,善于在关切和疼爱中温婉,善于在负担和创造中温婉。**温婉是做魅力女人不可或缺的人生艺术**。

我有一个朋友,上天赐给她性感的身材和白皙的皮肤,她很知道自己的优点,再凭着家中雄厚的经济实力,经常把自己打扮得非常时尚,充满了青春的活力。在我的描述中,大家此时眼前也许会浮现出一个温柔可爱的万人迷形象吧。可是她偏偏有一个大大的、直直的嗓门,外加一张喋喋不休

的嘴巴，无论什么时候、什么话题她都能够把自己夸得地上没人比、天上也少有，这样也就算了，难得她对自己这么满意。主要是她那火爆性子，发作起来旁若无人、气势磅礴，简直令人忍无可忍！

在某次饭局上，大家兴味盎然，一边喝酒吃菜一边东拉西扯，服务员端上一盘色香味俱全的菜，席上有位朋友乘机夸起了自己的老婆："我最喜欢这个菜，在家里我老婆把这菜做得那是出神入化！"大家正准备大快朵颐时，她却一下子把脸沉下来，用高八度的大嗓门把这盘菜批得一无是处："我最不喜欢吃这菜，要是在我家里，我非把它倒掉不可！又没营养、又不好吃……"大家本来兴致很好，可她这么一说，一桌人霎时哑然……

🌸 温婉是沁人心脾的苏格兰风笛

温婉其实不仅是女人的传统美德，而且是一种为人处世之道。

温婉的女人懂得恰到好处地修饰仪表，懂得提高内在修养，更懂得如何为人处世。温婉女人的着装虽不张扬却富有格调，那感觉就像静静地聆听苏格兰风笛，清清远远而又沁人心脾。温婉的女人并不缺少情趣，她们也会偶尔地恶作剧；会采来山野的小花装饰生活；会在情人节的日子给爱她、她爱的人一份惊喜；会自己借读书打发一个环绕着音乐与茶的下午。然而温婉的女人绝非都是小家碧玉，历史曾见证过无数温婉女人在政界叱咤风云，在商界大显身手，在艺坛风流千载：王昭君、李清照、宋庆龄、董竹君……她们是无数魅力女性的典范，终将芳名永存！

林徽因是中国第一位女性建筑学家，同时也被胡适誉为中国一代才女。她几乎标志了一个时代的颜色，代表了一个知识女性所能达到的顶峰。她的魅力、才华、聪明和丰富而含蓄的情感世界，令她一生都身处耀眼光环之下。林徽因身上那种既具有现代独立人格与个性，又不失传统美德的温婉,使她多年来一直是女性美的代表。如今,伊人逝去已半个世纪,我们仍然能从她留下的为数不多的照片中,感受到她独有的温婉清丽。照片中的她更像是一株绝世幽兰,散发着温婉迷人的气息。除了这种外貌与气质高度统一的女性外,还有这样一种女人,她不算漂亮,也已不再年轻,但是她可以让人忘记她的年龄,只记住她的风情。歌坛常青树蔡琴就是一个这样的女人。在华语歌坛,蔡琴就是经典的别称。早在1981年,她就以一首《恰似你的温柔》一举成名。从此,蔡琴淳厚自然、深情款款以及优雅雍容的嗓音赢得了各个不同年龄层听众的喜爱,驰骋歌坛整整20年。在唱碟封面上,她眼下的泪痣、花瓣般的唇,衬着一脸的沉静,别有风情。她深情含蓄的歌声以及温柔婉约的形象对很多人来说,如同一个温暖安详的梦境。

🪷 拥有了温婉就拥有了永恒的美丽

30几岁的女人,一定要让自己柔和一些、温婉一点。这并不是说让你做一个毫无主见、一味顺从的老好人。**以柔克刚,以柔处世才是温婉的最高境界。能于不动声色中洞悉事理,会在纷繁的关系中冷静地展示自我,笑对云卷云舒,那是一种真本事。**

有许多女人,总想留住自己的青春和美丽,不惜花费很多精力与金钱去打扮自己,小心呵护自己的容颜。她们或许不在乎老人的安康,常会疏忽家人的冷暖,她们的目光更多地聚焦在名牌服装或者不断变化的发型上。这样的女人也许会在短期内吸引人们的眼球,但当岁月无情地夺去她们的美丽之后,她们失去的也许不仅仅是容貌。温婉的女人,不会过多地去修饰自己的容颜,她们选择把更多的时间献给自己身边的人。尽管不再年轻,尽管时间的巨轮会残酷地在她平滑的脸庞上碾下凌乱的皱纹,但温婉的女人依然是温温情情，真真切切，精精致致，悄悄地关爱着身边的亲人，在细细碎碎的呢喃中越发娇艳欲滴。她们的温柔比鲜花还要触动人心，她们的细心比鲜花还要清新，她们的善良比鲜花还要圣洁。温柔的女人，获得了永恒的美丽！

温婉的女人从不追求时髦和昂贵的名牌服饰，她们会用简单的装束把自己打扮得高雅、得体。她们不会在穿牛仔裤的时候穿高跟鞋；不会在穿裙子的时候穿旅游鞋；不会穿着休闲装出席晚宴；不会头发一卷就走出家门；不会佩戴让人眼花缭乱的首饰；不会在指甲上涂抹各种斑驳的色彩。她们的一切都是简简单单、清清爽爽，从不盲目地跟随不断变换的潮流，她们只挑选适合自己的。

我很羡慕这样一对夫妻：儿子已经结婚生子，妻子的温柔却不减当年。每天晚上，他们都会手牵着手，有说有笑地出去散步，妻子虽不再是小鸟，但也一样依人。那种柔情蜜意，就是热恋中的情人也不过如此。他们偶尔也会争吵，我就曾碰到过。但妻子骂人的话中也充满了温柔：你这个傻瓜，晚上看我让不让你上床。他们的家庭是幸福的。丈夫舒心地工作，业绩辉煌，妻子把家打理得井井有条，日子过得充实而快乐。我想，这就是温柔的力量。

作为女人，你可以不够聪颖、不够美丽、不够坚强，但你不能不够温婉！拥有了温婉，就拥有了永恒的美丽！

·蒙娜丽莎的微笑·

🌸 别忘了微笑着面对一切

有人曾经说过这样的一句话："**假如我是老板，我宁愿任用一个小学未毕业却拥有热情笑容的女职员，也不愿任用一位脸孔冷漠的哲学博士。**"

无论你是开心还不不开心，都要微笑着面对一切。30几岁的女人，毕竟不是小女孩了，如果总是喜形于色，那么在别人的眼里，你一定不够成熟、不够优雅。

如果说幽默可以为男性平添一份魅力的话，那么女性的魅力则很大程度上来自于微笑。真心的微笑会让一个女性魅力大增。即使一个谈不上美丽的女性，微笑也能让她魅力四射。回眸一笑百媚生，无限怜爱在心中。平心而论，有谁会拒绝微笑呢？

女性要学会既不夸张也不做作地展露你真心的微笑，即使你的笑容不美丽，你也要抛开杂乱的想法，露出大方坦诚的笑容，给人留下开朗愉快的好印象。真心的微笑是最美丽的。当你被快乐、感激和幸福包围时，流露出的笑容是自然的；而当你心中有温暖、体贴、慈爱等感情时，你的微笑能够传达出最真诚的信息。心潮纯净，荡起的笑的浪花才是美丽温馨的。

微笑魅力无穷，有时像烈火，能烧掉一切丑恶的事物；有时像清泉，能让人的灵魂在其中荡涤；有时像兴奋剂，能让人化疲惫为力量；有时像润滑剂，能营造轻松愉快的气氛。

保加利亚哲学家吉里尔·瓦西列夫在《情爱论》一书中说："爱的微笑像一把神奇的钥匙可以打开心灵的迷宫，它的光芒能照亮周围的一切，给周围的气氛增添了温暖和同情、殷切的期望和奇妙的幻境……"微笑所释放出的能量也许是世上最惊人的奇迹，能够化干戈为玉帛，化冲突为祥和。难以想象，板着的脸、怒气十足的脸、凶悍的脸会构成一幅美丽的画面，名画《蒙娜丽莎》的美，就在于她的微笑。

🌺 没有人会喜欢林黛玉的眼泪

我们每次外出的时候，试着将下巴往内收，抬头挺胸，做一个深呼吸，然后面带微笑，并且精神抖擞地与朋友握手寒暄，不要害怕，不要浪费哪怕是一分钟的时间去想不愉快的事。

微笑是很好的镇静剂，当脾气不好的你在暴怒的时候不妨试着深呼吸，然后让自己微笑。也许一开始你会觉得非常勉强，但随着笑容在你脸上逐渐绽放，你就会意外地发现，你的心境竟然真的平静了许多。脾气暴躁是人体健康的大忌，据说突然而来的波动很大的坏情绪会损坏人体的某个脏器，这种用别人的错误来惩罚自己的做法实在不可取。同时，微笑更是彼此心灵沟通的钥匙，一个甜甜的发自内心的微笑很容易打开别人的心灵之门。

会笑的女人大半是讨人喜欢的，有谁会喜欢成天哭丧着脸的女人呢。生活中你如果遇到一个像林黛玉那样望风落泪的主儿，万一你哪句话说不到点子上，或一个玩笑开得不大合适，或是你无意中的一句话说得不怎么对她的心思，她就会哭丧着脸对你沉闷好几天，我想你下次在街上遇到她一定会绕着走。

最美的笑是发自内心的笑，真诚的笑意能笑出花朵来，能笑出千娇百媚来。最迷人、使人难忘的笑容是恋爱中女人羞涩的笑容，这种包含着许多复杂感情的笑容使面部每一根神经都散发出夺目的光彩。最难看的笑莫过于皮笑肉不笑了。俗话说，笑比哭好，可我认为那种不是发自内心的笑还不如哭呢，最起码哭也是一种真诚流露，是内心感情的一种真实宣泄。

古希腊伟大的哲学家德谟克利特说：真正的幸福在于灵魂的安宁，生活的目的也在于灵魂的安宁。比他稍晚些的哲学家伊壁鸠鲁说：我们最大的快乐就是身体的无痛苦和灵魂的无纷扰。不错，只有这样人才能快乐，只有快乐了，才能发自内心地微笑，而微笑又是一剂让你通体舒畅的良方，能够让你保持持久的魅力。因此，朋友们，无论你的心境如何，请试着对生活绽放你如花般的笑颜吧，你一定会真正地收获快乐的。

🌹 一个微笑不费分文但给予甚多

女人的微笑不但可以给别人带来轻松愉悦的感觉，对改善自己的心境也有着积极的作用。每天对着镜子向自己笑一笑，告诉自己是这个世界上最美的女人，无论在外面遇到什么挫折，都要善待自己，就算在外面看不到别人的笑容，也在镜子里天天看见自己的笑容，给自己信心，给自己勇气，给自己快乐！智慧的女人们，与其把大量的精力倾注在美容养颜上，倒不如把时间用在培养自己好脾气、好性情上，让自己的脸上每时每刻都洋溢着自信而善意的笑容，那将是对容颜最美的修饰。

微笑是快乐的最直接的表现，它可以拉近人与人之间的距离。在一些不熟悉的场合，当别人友好地看着你时，你微微一笑，那么你与他之间的关系就不再紧张，而会变得自然起来。这种淑女型的微笑，最易使人产生好感。一项调查询问数百位男士："你最喜欢的女人面部表情是什么？"答案大部分都是微笑。

乔伊夫人在巴克莱银行负责公共关系，她的办公桌就放置在银行大门进口处的右边。她总是面带微笑，不厌其烦地解答顾客遇到的各种问题。在她的办公桌上有一篇用镜框镶起来的题为《一个微笑》的文章："一个微笑不费分文但给予甚多，它使获得者富有，但不使给予者贫穷。一个微笑只是瞬间，但有时对它的记忆却是永恒。一个微笑为家庭带来愉悦，为同事带来友情。它也能为友谊传递信息，为疲乏者带来休憩，为沮丧者带来振奋，为悲哀者带来阳光，它是大自然中消除烦恼的灵丹妙药。然而它却买不到、借不了、偷不去。因为在被拥有之前，它对任何人都毫无价值可言。有人已疲惫得再也给不了你一个微笑，那就请你将微笑赠与他吧，因为没有一个人比无法给予别人微笑的人更需要一个微笑了。"

一旦你学会了微笑，并形成习惯，那么无论在什么时候你都能取得好的效果。当你心情好的时候，可以大方自然地微笑；当你心情不好的时候，更应该保持微笑，因为微笑可以为自己赢得更多的关注与掌声。

·真正的完美是当下的存在·

🌸 追求完美的女人生活得很辛苦

女人一直都在追求完美，30岁的女人比起20岁的女孩可能会更加苛求完美。其实，如果我们对这两个字认识不清的话，它将具有极强的杀伤力。有些女人一生都在追求完美,总是活在不满和自责的情绪里,她总是不断要求身边的人,比如孩子和丈夫,希望他们成为自己心目中完美的人,却不知道这么做会造成许多紧张的人际关系。

其实完美并没有什么不好,只是在于我们怎么看待它,又如何将完美的概念,适当地运用在每天的生活中。真正的完美是当下的状态,每一个瞬间都是丰满的状态,了解这样的境界,那么完美便时刻属于你,不了解这些,完美就会经常与"不足"或"缺乏"联系起来,一想到完美,潜意识里首先出现的就是"不够好",所以追求完美的女人生活得很辛苦,精神时刻处于高度紧张的状态中。

要求完美的女人不光要求自己,也要求别人完美,偏偏在达成每件目标之后,总有更好的指标横在眼前,所以她们一辈子都在追逐,从没有满足和快乐感,体现在言行上也是抱怨和唠叨,很容易有挫折感。想想看,这样的日子怎么会不辛苦?

🌷 每一个当下都是完美

语嫣的生活其实已经很忙了,上有老下有小的,加上老公的生活起居要张罗,自己还有全职的工作要应付,所以每天的时间都是分秒必争,所幸先生可以接送孩子上下学,使她不至于太过分身乏术。

在如此忙碌的情况下,语嫣的体力和时间运用其实已经达到极限了,只是因为有份自己喜欢的工作,总算是可以勉强维持心理上的平衡,加上老公愿意分担责任的态度,也让她觉得安慰,所以语嫣的日子还算过得去。可是她是一个一向对自己要求很高的女人,即使她早已赢得贤淑能干的好名声,家人们对她也颇为赞赏和信赖,她却觉得自己还可以有更好的表现,认为自己很有潜力,而现在所做的还没有把自己的才能发挥到淋漓尽致，她应该为其他的女性树立更好的典范——证明一个贤妻良母仍然可以追求自己的梦想。

这个观念不能说不正确，只不过她依然让自己落入要追求完美的模式，因为她决心让自己在原本已经很饱和的生活步调下，以在职进修的方式再进修博士学位，而没有顾虑到自己可能会因此失去平衡，而这些都是我们无法忽视的现实问题。

结果，语嫣把自己逼到了她可以承受的压力的边缘，除了时间难以分配，不得不长期减少睡眠，造成体力、脑力都超额使用外，在内心里，她开始怀疑自己的能力，原本以为读书对她来说是轻而易举的事，现在却有一种心有余而力不足的感觉，毕业十几年再重拾课本，书变得好像比以前重得多。语嫣很纳闷，难道自己真的不如从前了吗？她以前可是优等生啊，会考、高考从来没难倒过她，她想，现在是不是需要更加努力一点呢？

于是，语嫣开始疯狂熬夜，平时还是尽量维持贤妻良母以及好职员的形象，所以大家都以为她状况不错。直到有一天，语嫣忽然对孩子大发脾气，结果情绪一发不可收拾，整整嚎啕大哭了几个小时才平静下来，接着倒头大睡了一整天，什么话都不说，把家人都吓坏了。

语嫣的故事告诉我们：身体太过疲倦的时候，许多预料不到的情况就会出现，反而打破了原有的生命和谐。

如果我们不再存着追求完美的心态，那么每一个当下在我们眼里，应该都是完美无瑕的，这也是对追求完美最恰当的定义。

女人们应该认识到，"完美"永远是相对的。真正的完美，其实取决于我们的态度——当我们对自己、对别人宽容时，当我们愿意从各个角度看问题、接纳问题时，人生的美好就会不请自来。人生的真正意义不是成功，而是幸福。

我们能做和该做的是：全面地评估自己、了解自己，不断加强自我肯定,解决可以解决的问题,接纳暂时无法解决的问题,让人生在自我把握中循序渐进。

承认不完美,但要快乐地追求完美。原本是希望自己快乐,但迷惘的女人们总爱"牺牲快乐来追求完美"。不完美,但是快乐,这样的心态才是至尊法宝,才能引领我们一步步接近相对的"完美"。

🌼只有面对人生的不完美,才能创造完美的人生

一位追求完美品格的母亲,当孩子拿出一张有个小黑点的白纸给她看的时候,这位母亲会告诉孩子:"这张纸有黑点,已经脏了,不能用了,扔掉吧!"不知这位母亲是否想过,她才是一个不完美的人,因为她只会注意到不完美的部分,而忽略了这张纸还有绝大部分是白的。

这不禁让我想起战国时代曾有一位最会打仗的将军,他对胜败的看法很有见地。他认为作战的胜利,胜之五分是为上,胜之七分是为中,胜之十分则为下。这和完美主义者的看法是完全相反的。而他的完美其实就在于他不追求完美,他觉得胜之五分可以激励自己再接再厉,胜之七分将会懈怠,而胜之十分就会生出骄气。而实际上,正是因为这位将军始终贯彻他胜敌六七分的方针,结果他打了 **38** 年的仗,未曾败过一次。

完美从根本上必须承认的还是自己的内心。只有承认软弱,才可能坚强,所谓好钢易折,绵绳不断;只有面对人生的不完美,才能创造完美的人生。

也可以反过来说,完美的人生其实就是由众多的不完美所组成。

对于婚姻中的磕磕绊绊,追求完美的女人会一味地怨天尤人:怎么上天就给了我这么多的不如意呢?怎么他就不能再好点呢?就在这种抱怨与挣扎中,婚姻的双方都会心力交瘁、慢慢地貌合神离,乃至最终的分崩离

析。面对同样的危机,能忍受不完美的人则会选择包容,会更多地想到曾经有过的和谐与美好,感谢上天让自己已经拥有了很多。同样是过日子,后者因为解放了自己便拥有了一份释然、一份豁达,这样是否更趋完美呢?!

提到完美,更直接地就让人联想到情感。"有情人终成眷属"是最完美的结局,然而现实却并非如此。有情的两个人,有的因为利益的关系,变得形同陌路;有的因为来自各方的压力,不得不忍痛割爱;有的因为天各一方,无缘再续;有的因为时间的流逝,冲淡了曾有过的激情;因了这种种的原因,使得很多有情人不能终成眷属。于是,有人捶胸顿足,有人跳楼自尽,有人行凶要挟、有人铤而走险……各种过激的追求完美的方式只能使得人生更加残缺不全。其实有更简单的办法,那就是宽容地接受,接受这些既成的事实,想想曾经一起坐看庭前花开花落、云卷云舒,那是怎样的一种灵犀相通,怎样的一种曾经真切拥有过的快乐! 不在乎天长地久,只在乎曾经拥有。这些都是那么真实的存在过,那么真切的感受过,让它留存在记忆深处不好吗? 由此生活便会多了一种体验、多了一份成熟。

人生确实有很多的不完美,但我们可以选择走出不完美的心境,而不是在"不完美"中哀叹,这样便可以做一个真正意义上的快乐女人。

放下你的控制欲·

🔥 控制欲会带来"失意症"

31 岁的赵宁工作生活各方面都称得上顺利,除了爱情。每次别人为她介绍男朋友，一开始相处得还可以，但她的恋爱从没有超过1个月的。她从来不花男友的钱，次次都是自己买单，还老给他买东西。两个人如果对同一件事情有了分歧，她就很冷静地和他分析一二三四五六七，虽然每次出门都会问一下"你想去哪里"，但是最终她还是会按照自己的想法行事。男友说和她在一起不像恋人，反而有下属和上司的感觉，连说话都要掂量掂量，让他丝毫感觉不到一个男人应有的尊严。

像赵宁这样的女人就属于严重的以自我为中心，她们总认为自己的决定是最正确的，自己的想法是最周到的，自己的行为是最体贴。在工作中、生活中，这样的以自我为中心难免会造成人际关系的损害。

从形式上看，这类女人总是要自己说了算，就算是采用温和而不是命令的语气，与她们相处的人最后仍会发现还是没有逃出她们的如来佛掌，自己兴冲冲的提议还是被她们化解于无形。

在内心里，她们具有强烈的控制感，并听命于这种控制感的支配。一方面，她们不能忍受遵循别人建议的那种失控感，而是必须控制周围的人际关系以显示自我的强大；另一方面，这种控制可以避免她们触及不熟悉的领域，而不熟悉的领域会导致不安全感，引起强烈的焦虑。也有一些人具有自恋的倾向，她们打心眼里认为自己非常完美，总拿自己的优点和别人的缺点比较，沉浸在自我欣赏中不自知，丝毫不了解他人的感受。

女强人在这样的心理状态下可能会遭遇频繁"失意症"，要想改善这种境况，首先要做的是放弃控制，承认他人和自己一样，是独立的具有辨析能力的个体，以同样的标准来对待自己和他人的权利才是真正的自尊和尊重。要放弃控制，开始时会有严重的焦虑，但这种情绪在达到高峰后，会在数小时内恢复到平常水平，不会无限制地发展下去，因此，要容忍这种情绪的产生。当然也可以通过其他方式转移焦虑情绪，比如做做运动、参加文娱活动等。

❀ 控制欲会带来挫折感和孤独感

放弃对他人的控制以后，你和别人才可以在同一高度上对话，才能体会相互的尊重，产生亲密的情感。这种亲密关系没有批评和嫌恶，而是充满信任和宽容。

能够控制生活中发生的各种状况，是每个人都希望的事，但这只不过是一种妄想。生命中许多事情的发生，其实都不在我们的掌控之中，所以有时候放开手，或是放开心，反而能更清楚地了解事实，对许多状况做出最好的应对。

可惜许多女人不明白这一点，她们拼命想抓住些什么，觉得只要抓住了，就有了起码的安全感，好像万事若都在自己的控制下，就不会有什么意外的事情发生，比较能够安下心来生活，于是掌控就成了一种需要。

许多女人因为背负传统角色的包袱，有各种角色扮演的压力，加上很多男人还是习惯不管家务，所以在不知不觉中，女人滋生出了喜好掌控的倾向。

适当的掌控的确可以事半功倍，但是如果习惯了这样的模式，又不会时时自我反省，在脑海中就会形成一种思维定式，如果凡事不照着自己的意思发展，或是别人不照着自己的意思做，就会觉得不安全、不顺心，还有徒劳无功的挫折感，以及不被了解的孤独感，不理解为什么自己所做的一切都是出于好意，可是别人偏偏就不懂，还经常和你唱反调。

❀ 控制欲会带来"失意症"

想要控制一切的女人，在工作中也会面临很多焦虑，因为她太想顾全所有的事，了解所有的细节。她总是放心不下让别人去处理事情、或者让别人分担自己的责任,所以总是把自己弄得筋疲力尽,时间上也无法分配均匀,造成身体和心理的双重失衡。

33岁的程云是一家公司的资深职员,老板很器重她,她也很有能力,而且是公司的老员工了,非常踏实,不像年轻人动不动就换工作,没有一点责任感。

可是许多年过去了,程云只是个一般的职员,始终没有升职,这让她有一些挫败感,但是因为工作驾轻就熟,公司又给她弹性上班时间,让她可以兼顾家庭,所以她也只有将不满放在心里,继续做好她的本职工作了。

最近事情有了转机,她的部门主管辞职,公司老总找她面谈了几次,似乎有要晋升她的意思,她心中窃喜,总算熬到头了。结果后来人事部却公布了调升别人的消息,程云失望之余决定找老板谈谈。

老板告诉她,她的能力各方面都不错,可是在做人缘调查的时候,似乎不太受同事欢迎,原因是:她喜欢一手遮天,喜欢控制别人,这让大家感觉很不舒服。

其实,只要能够适当地控制全局,把握重点就好,不必太过度要求细节。因为生命之旅充满了意外,若能以顺其自然的态度处事,即使是遭遇不按常理出的牌,我们也能够欣然面对。想想这些不在我们掌控中的意外,也许这才是老天真正的祝福。

聪明的女人不需要掌控,而有趣的是,当她不再掌控一切的时候,一切反而会很自然地掌握在她的手中。这样的女人,才是真正优雅美丽的女人。

·理性是幸福与成功的密码·

❀ 面对人生的种种角色，理性显得格外重要

人们常说，女人是感性的，女人是感情的动物。的确，这个世界因为有了感性的女人而变得更加温暖、生动和美丽。但是，就一个独立女人的一生而言，仅有感性与感情是不够的。**尤其是进入 30 岁以后的女人，面对各种各样的角色，生活需要我们做出不同的判断和选择，没有理性的思维和头脑是不行的。**

随着年龄的增长和阅历的增加，我所认识的女人越来越多，有人说一个女人就是一本书，每本书都有自己独特、丰富、耐人寻味的故事情节，而结尾也是大相径庭。出于好奇，我总是试图破译女人获得幸福与成功的密码，我渐渐地发现，那些最终拥有美满人生的女人不一定要出身名门，不一定要花容月貌，不一定要才华横溢，也不一定要魅力四射，她们只是比一般女人更多了一些理性而已。

理性是什么？理性是智慧、自信，理性是沉着、冷静，理性是柔中有刚、刚柔并济，理性是意志坚强、克制自律，理性是宽容、大度而又有原则性，理性是懂得自尊与尊重别人，理性是在任何情况下都不迷失方向，不大乱方寸，不感情用事，不冲动盲从。

一个女人的一生要面对事业、职业、人际关系，要面对爱情、婚姻、家

庭,要面对丈夫、孩子、亲朋同事。有人说,人的一生很长,但关键处只有几步。面对人生的种种选择,理性显得格外重要,在现实生活中,由于盲目冲动、感情用事而造成的人生悲剧多不胜数。

从事业上来讲,无论你从事任何职业,也无论你要成就任何一番事业,如果想有所建树,就需要顽强的意志力,需要坚持不懈地付出艰苦的体力和脑力劳动,需要清醒的头脑和冷静的判断力,需要不断地与女人的惰性作斗争,这些都离不开理性;同时,一个人在社会上需要与各种各样的人打交道,处理各种各样的事情,在这个过程中不仅需要热情和善良,还需要智慧与修养,需要克制与忍耐,需要宽容与大度,而这些也是与理性无法分割的。理性的女人不闲言碎语,不造谣中伤,不惹是生非,不心胸狭窄,更不会损人利己。

婚姻也一样。爱情是世界上最美丽的情感之花,而走入婚姻则需要理性。有人说初恋的成功也是初恋的失败,这句话有一定的道理。很多婚姻只有在失败的时候当事人才明白,其实最初婚姻就存在着隐患。对一个人品质、性情的深入了解,明白自己真正需要的是什么样的人,眼前的他与自己是否合适,对这些因素的冷静判断是婚姻成功很重要的因素,理性的女人不会仅凭青春的冲动及两性的吸引就仓促决定终身大事。尽管有人说婚姻是一场赌博,在必然性中带有很大的偶然性,但出自于理性的判断要比盲目的热情赌赢的机会大得多。

同样,在与家人的相处中,理性显得同样重要。面对丈夫,理性的女人外柔内刚,既温柔体贴又坚强独立,既柔情似水又理智自尊;理性的女人不会对自己的选择患得患失,也不会盲目地拿丈夫的缺点与别人丈夫的优点比,更不会出口伤人;在丈夫遇到困难和挫折时会去安慰鼓励,而不是讽刺挖苦。作为母亲,理性的女人教子有方,对子女既慈爱又严格,疼爱而不娇惯,呵护而不溺爱,关怀而又有原则性。

🌹 让自己"喜怒不形于色"

女人一般都是比较情绪化的,不太容易"喜怒不形于色",即使女人偶尔的"形于色"表达出的往往却又不是她真正的喜怒,正是这种外表与内在的不统一让他人特别是男人深觉女人实在是不可捉摸。有人说这是女人的天性,有人说这是女人几千年来在各种压力下、在各种缝隙中为求得生存所形成的一种"本能"。无论是什么原因,情绪化是一种阻力,阻碍了女性在各方面的发展。如果一心致力于事业,情绪化会妨碍自己理性地处理问题,难免有失偏颇。就算辛辛苦苦爬上主管地位,也很难得到下属发自内心的尊敬。就算是要做个家庭主妇,也会因情绪化而把婚姻搞得一团糟,家人怨声不断,事实上,一个家庭中的女性是真正的主管,家庭里的很多事都需要她做出理性的判断和选择。

情绪化不是女性的魅力,也不等于女性的特质,更不等于撒娇,它是一种不理性的待人处事的态度,如没有原则、没有方法、自我中心、不识大体,这样的女人让别人很难接受,也很难相处,到头来只能落个没有内涵的名声。

30几岁的女人要多培养自己的理性,删减性格中情绪化的部分。偶尔闹情绪当然是在所难免,但是一定要适可而止,不要让你在别人眼里变成不可理喻。

🌹 理性引领你朝着自己期待的方向航行

理性的女人,无论在生活中、在工作中,还是在个人情感中,往往不喜欢竞争,更不喜欢胸无城府的张扬,太多时候选择默默退出,但这并不代表她没有自信,也不是说她没有条件,更不是说她没有魅力,而是由她的

"淡薄以明智,宁静以致远"的心态,在默默地做好自己。

和感性女人相比,理性女人少了妩媚,多了自然;少了锋芒,多了内涵。她看上去外表质朴而随意,似乎不擅雕琢,其实内心深处隐藏着一份轻易不为人知的浪漫。看到花开,她会欣赏,看到花落,她会说是自然现象,总是这样与世无争,心静如水。在最容易让女人失控的情感世界中也是如此,她更知道蓝颜知己是精神上的寄托,而不是生命当中全部的依赖,她一直强调自己的个性却从不张扬,宠辱不惊。她的气质、修养、内涵、冷若冰霜的外表,很容易拒人于千里之外,只有能够走近她内心的人才能真正了解她,也才能为她所欣赏。

做为女人,无论你有多么感性,切不可把理性彻底丢掉。**无论感性让女人多么可爱,也无论感性会让女人得到多少,都不要忘了保留一些理性,因为理性才能让女人成熟,理性才可以让女人免受伤害,具有一定理性的女人,才是最成熟、最完美的女人。**

理性可以使一个女人把握住人生之船的方向,朝着自己期待的目标航行,所以说,理性是女人生命中的灯塔,时刻指引你的前进。

·有一种洒脱叫放手·

🔆 洒脱的女人不会让心里堆积太多的垃圾

曾看过这样一个故事:一个女人参加演出,在后台化妆时,朋友风风火火跑来说,她的丈夫跟别的女人走了。她听后淡然一笑,并没有停止化妆，并且将那个妆化得十分精致，十几分钟后，她带着灿烂的微笑和平稳的声调一如既往地走上舞台。她和观众互动，说着轻松的笑话。她的观众十分开心。回到后台，她卸下妆来，仍然没有如人们想象中的嚎啕大哭。她就是靳羽西，她的事业因为洒脱而辉煌，她的生活因为洒脱而更加精彩。无论走到哪里，她都是笑意盈盈。最终正是这份洒脱成就了她的成功。

生活中要享有平静心灵和得到成功的秘密之一，就是要学会洒脱。这句话的真正含义不是要我们忘记根本，而是要我们学会以乐观释然的心态看待每一件事、每一个发生、每一个情绪。

因为只有洒脱，才能更清楚地面对眼前的状况、能够理智地把握现在的拥有，追求眼前的成功。最重要的，是时时刻刻能有平静的心湖，感觉到自己真实的存在，和充满对生命的感激。

因为不擅长洒脱，所以女人心里堆积的垃圾往往很多，对以往一些不顺心的小事记得特别清楚，总是喜欢和别人翻旧账。一些陈谷子、烂芝麻的事情，早已经时过境迁了，可是有些女人却还是记得很清楚，并常常拿出来折磨自己。其实，聪明的女人会在生命的旅程中不断地学会忘记，学会放下包袱轻装上路，让自己的心灵得到休息和自由。

洒脱其实就是适时地放手

洒脱其实就是适时地放手，无论是对人还是对事、无论是过去还是对现在、无论是对待自己还是对别人，都要有一颗释然的心！

曾经看过这样一首诗：打开笼门，放飞鸟儿，把自由，还给笼子。

的确，是应该把自由还给笼子。

有些东西已经不属于你了，可你还是舍不得放手，给自己保留一些不切实际的幻想，而当这个幻想真的破灭的时候，最终得到的就只有再一次伤心。

在《谁动了我的奶酪》里讲述了这样一个故事,两只小老鼠,两个小人,他们都靠吃奶酪为生。有一天,他们发现了一个很大的奶酪,于是四个人就开始分享这个奶酪。可是随着时间的推移,奶酪吃完了,两只老鼠看到奶酪没有了,就跑着去找其他的奶酪了。而这两个小人则以为是有人偷走了他们的奶酪,便在那里大叫:"谁动了我的奶酪?"然后就在那里等着有人会把奶酪还给他们,可是一直都没有等到。其中一个小人按捺不住了,说:"我要去找新的奶酪了,你和我一起去吧。"另一个小人则坚定地认为,一定是有人动了他的奶酪,他不愿意去寻找其他的奶酪。那个小人便独自一人去寻找奶酪,经过自己辛苦的努力,他又找到了新的可以吃很久的奶酪。而另一个固执的小人,不肯对已经失去的奶酪放手,以为曾经丢失的奶酪会再次回到身边,而失去了寻找新的幸福的机会,**其实有的时候,人就是这样,对于已经不在了的东西,就是占着不肯放手。洒脱些也许生活会更有意义,因为只有学会对已经不在的东西放手,才有机会寻找到新的幸福。**《谁动了我的奶酪》里的老鼠找到了自己新的目标、其中的一个小人也在下一站找到了自己的幸福,而另一个小人因为不能洒脱地放手而坐吃山空。

❀ 让自己脚步轻盈地生活

该放手时就放手,无论你曾经握住的是怎样一份财富或幸福,这样,你才能得到心灵的自由。

轻松洒脱做女人,就是让我们从冗繁忙乱的生活中,从纷繁复杂的社会中走出来 ,让我们在蓝天白云的简练中忘却烦恼;让我们对自己说:"天下本无事,庸人自扰之",然后平心静气地从一大堆琐事中理出头绪。

轻松洒脱做女人不是对工作对朋友敷衍了事、不负责任,而是分清主次,精益求精,不斤斤计较,追根究底。

轻松洒脱做女人就是不世故、不虚伪,不在错综复杂的关系网中作茧自缚;

轻松洒脱做女人是真诚、坦率,是不断舍弃那些心灵的累赘和种种执迷;

轻松洒脱的女人说笑由心,得失听命,不强求不奢取,家里看小说,外面读世界,心血来潮时写点东西,听听音乐,上网聊聊,写几句玩笑话儿,笑笑男士们的死要面子活受罪……

洒脱的行动并不难,难在许多女人的"不知不觉",不愿意面对心中的挣扎和情绪,因为放手时难免会有一时的很痛,很害怕,可是相对的,在痛定思痛后,你所期盼的新生命,也将由此展开。

别再做个背负着"累赘"不肯放手、让自己生活得无比沉重艰难的女人了,学习坦然洒脱地面对生命的得失,让自己从此可以脚步轻盈地过生活。

第五章　情调比美丽更蛊惑

情调是附着在女人身上的精灵。

卢梭说："女人最使我们留恋的，并不一定在于感官的享受，主要还在于生活在她们身边的某种情调。"情调是女人精美的包装，也许你并不漂亮，但是你可以具有优雅的气质、迷人的仪态、高雅的谈吐和充实的生活。就如一盅醇香的酒、一盏清香的茶，品尝过后是回味无穷的芳香。

女人是天生的尤物，但除了让身边的人欣赏以外，也要不断地提高自己的生活品质，学习生活、享受生活，提高自己生活的情调，这种情调不仅隐藏在举手投足之间，它包含在女人生活的点点滴滴之中。这就是女人的魅力所在。

·情趣女人才有生活情趣·

❀ 一个有情趣的女人是有趣的

女人的情趣是随着年龄的增长而不断加深的，30几岁是女人培养、把握生活情趣的最佳年龄，生活阅历的丰富让这个时期的女人从内心沉淀出许多不同的感悟和韵味，由它所滋养培育出的情趣是30几岁女人必备的杀手锏。

身为魅力女人，最必不可少的特质是她应该有情趣，因为事实上，情趣正是女人优雅与格调的来源。情趣代表着兴致、志趣、情调和趣味，它是让生活简单、快乐起来的魔法，也能让你的生命更优雅、更鲜活自在。**情趣会唤醒女人内心的生机和活力，有情趣的女人一定显得年轻而快乐，有情趣的女人也一定见多识广。**

情趣的来源是多方面的，它来自生活的各个细节之中，从居家布置到饮食美容，还会从工作中吸收养分，一个有情趣的女人是有趣和平静的，她非常善于平衡外部的环境和她个人内心的需求，在生命中的每一个层面追求平衡。

往往一点小小的情趣就可以为生活增添炫目的色彩，使人的身心得到意想不到的满足，但如何获得这种情趣则需要智慧。聪明的女子都知道，她的大脑是她最重要的资产，只有健康美味的食物、使人身心愉悦的运动、高质量的睡眠、可以随时掌控的压力，才能使她的大脑高效地运转，换来精神物质的双丰收，让她过上更美好的生活。正是在这种下下厨、爬爬山、睡睡觉、上上班的周而复始中，给情趣的获得和展现提供了巨大的空间。

🌺 乏味的女人没人气

在与男性朋友闲聊时，我们曾多次谈到一个观点：一个女人完全可以保留一些无关紧要的小缺点，比如撒撒娇、耍点小性子啦，玩点小心眼儿，或者有点粗心大意、丢三落四什么的，只要本性善良，只要基本人格不残缺，这类小缺点完全可以控制在一定范围之内，既不影响人际关系，又不损害个人品质与形象。**然而，作为一个生活在都市中的现代女性，有些缺点是万万不能保留的，比如说"乏味"这两个字，最好离它远一点。何为乏味？用通俗点的话解释就是：毫无情趣可言。**

对一个现代女性来讲，情趣的培养是一门很重要的人生课程。所谓情趣，就必须有情又有趣。有情者，就应该喜怒哀乐情感分明，既会感受又会表达，该感动时就感动，该兴奋时就兴奋，该激烈时就激烈，该淡泊时就淡泊。一个性格鲜明的女人生活在你身边，平淡的生活也会随着她情绪的起伏荡漾而变得有滋有味。而和一个乏味的女人在一起，所有的事情都是按部就班地进行，没有一点惊喜、没有一丝波澜，所有的节日和纪念日在她的脑海中统统不存在，日子过得就像煮了又煮的白开水，连最初仅有的那点氯气味也已蒸发殆尽，任何人生活在这种氛围中只会有一种感受：度日如年。这样的女人让人唯恐避之不及也就不难想见。

❀ 情趣女人让男人欲罢不能

有情趣的女人虽然有时也会任性或发点小脾气，但是更多的是豁达宽容，通情达理，善解人意，知道用女人特有的细腻情感去品读去感觉男人的心，会给男人一份自由的空间却又不让他偏离方向，她会尊重男人的兴趣并被感化，跟他一起分享这份快乐。当丈夫拖着疲惫的身躯回到家里时，她会为他递上一杯热茶，送上一个温情的问候，给他一个深情的香吻，或者是一个热烈的拥抱，让他充分领略到家的快乐温馨和幸福。

朋友雪儿是个特别懂得营造情趣的女人，经常在老公面前搞一些恶作剧，弄得老公对她是爱恨交加，欲罢不能。

一次，雪儿上网看到一个帖子写女人穿着睡衣在客厅和卧室之间走来走去的样子很性感，于是睡觉前她如法炮制，穿着半透明的睡衣在家里乱转，果然老公飞一样地跑过来拦腰把她抱起冲进卧室，把她扔在床上说：你没看见我刚才晾衣服把窗户打开了，窗帘也没拉！

某天，雪儿看到一个啤酒广告，一个性感的女人在喝完一罐啤酒后在一个帅哥脸上舔了一下，那帅哥露出一副很享受的表情。她又如法炮制，只不过她从来不喝酒,爱喝牛奶之类的饮料。于是她喝了一口牛奶,学着那女人的步伐自以为优雅地走过去,在老公脸上舔了一下。不过感觉一点都不爽,就好像舔了一个仙人球,因为老公那天没刮胡子。老公当时也没有美滋滋的表情,反而痛苦地在脸上擦了半天,说黏呼呼的好像是牛奶。

学过画画的雪儿开人体课后画过一个沐浴的女人,从此以后就一直认为女人在沐浴的时候最美。于是某天她在洗澡的时候故意忘拿一样东西,然后让老公给她送进来。老公开门的一刻她特别紧张,一下没站好,摔在地上半天没爬起来,那姿势要多"优雅"有多"优雅",好像老公养的小乌龟被翻过来。老公看到她的样子,当场笑翻。

✿ 她用她的情趣让人打心眼儿里想要疼她

女人不一定要漂亮,但是一定要有情趣。漂亮是女人的外衣,而情趣则是女人的灵魂。高雅的情趣更能体现女人的妩媚与温柔,使女人变得多姿多彩、情趣盎然富有生机,**情趣使女人善于追求美好的生活,顺应时代的潮流,拥有一份达观的心态和健康的心理**。她的点滴情趣可以在不知不觉中深深触动你的心灵:她那开怀爽朗的笑声像和煦的春风又似涓涓清泉流入你的心田。她那文明优雅的谈吐仿佛跳动的音符,汇聚成优美动人的旋律,令你如痴如醉;她那娴静优雅的举止像深谷中的幽兰散发出如梦似幻的幽香,令你神清气爽。

下面这个故事为我们描述了一位懂得情趣的女人。男人与几个朋友一天心血来潮,搞了一趟自驾出游。男人发了个信息给老婆交待去处,再发了几句甜言蜜语约好到目的地后再联系后便高唱着歌儿踏上征途。出去疯了三天,所有的朋友身边都有一美女相伴,只有他自己一人还乐得屁颠儿屁颠儿地称要拍照回去给老婆看。后来,玩得有些忘乎所以,早把跟老婆联系的事扔到了九霄云外,回了城才想到打电话告知夫人。到家后,在家门口发现钥匙不知道哪儿去了,就敲门喊老婆,不见回答,打电话给老婆,无人接听。家里的灯是亮着的,难道出了什么事?此人家为别墅,所以在门口有一楼梯和扶手,正着急担心之际发现扶手边有几件眼熟的衣服,一块红砖正压在上面。他认出是自己的衣服,忙扔掉砖头,随即发现砖头下压着一封信,信纸很精美,还有淡淡的香气,老婆娟秀的字写了短短几行:"老公,我知道外面的世界很美,所以你开心我就快乐。这几天一个人在家,把屋子收拾得仍然很干净,本想换把锁的,因为一个人在家还是会怕。但一想到亲爱的你随时会回来,就算了。我想你可能还想和朋友去玩,怕你回家换衣服麻烦,所以选了几件你爱穿的衣服放在门口,你直接拿了换好,把脏衣服放好,我再帮你洗干净。好好玩哦。"看了信后,他拼命地在门外喊:"老婆,我不要衣服我要你,我回来了,开门啊。"话音刚落门一下开了,老婆带着一股刚刚沐浴后的馨香扑到了他的怀里,嘴里还嚷着:"老公,我想死你了。"

男人的老婆是个聪明而极富情趣的女人,这样的女人不会发脾气,不会惹人烦,她会安安静静地坐在那里,并且让你知道她一直都在那里。**她不漂亮,但是却可以让男人时刻惦记,她用她的情趣让人打心眼儿里想要疼她。**

做个有情趣的女人吧,给生活涂上绮丽的色彩,使生活变得五彩缤纷。有了情趣的女人会变得更加美丽动人。

·风情是强做不来的·

🌺 风情是强做不来的

　　"风情"两字,女人不到一定年龄,是强做不来的。30 岁的女人有别于花红柳绿,有别于风韵犹存,她们如曼舞轻飞的彩蝶,举手投足间流露出成熟、自信,恰是风情万种。

　　女人 30,如果上天注定要我们从此挥手告别青春走向成熟,那么,让我们优雅快乐地熟透吧。仿佛就在昨天,还对着镜子里那张娃娃脸问自己:什么时候,我才可以变成风情万种的女人?没有任何幼稚,举手投足间充满成熟韵味。

　　当岁月拉着我们的脚步跨过 30 岁的门槛,我们才终于明白,女人的可爱在于风情,不完全取决于智商,完全不取决于美丽。

　　"风情"两字,男人不到一定年龄,给他看也是白看。因为"情"在风的后头躲着藏着,没一定阅历的男人,只道是树欲静而风不止,与己好似无关,照样洒洒脱脱地走开。

　　女人的风情,是一种韵味、一种灵感,它不同于性感,因为性感来得太过实际,似乎硬生生地把灵与肉分开。而风情是一种情调与韵致,它为洒脱平添几分睿智,比优雅更具女人味。它是附着在女人身上的精灵,无影无形、无色无味,让人捉摸不透。

　　现在,满世界都是漂亮的女人,但形神间总觉得缺少了点什么,只是美而已，却少了撩人的韵致，难以给人深刻的震撼；反而有一种女人，没有特别漂亮的脸蛋，缺乏魔鬼身材，但她从眼前轻盈飘过，只觉女人味十足，让人过目不忘，一举一动皆是风情。

做女人，不妨多点豪迈风情

风情女人总是对待人处世有恰当的把握，将敛与放的分寸拿捏得恰如其分。不是那种拘谨压抑的端庄、典雅，个性全无，甚至显得有些木讷；也不是过于张扬、放荡不羁、频抛媚眼，流露出让人不敢靠近的风尘味。

莲三十多岁，是个漂亮端庄少妇，在单位却有点不讨人喜欢。不是因为莲的工作多差劲——莲的业务有口皆碑，也不是因为莲爱挑拨离间——她从不在背后说人坏话。从身材到长相莲都算得上是不错的女人，本应人见人爱，可大家偏偏与她隔着一层。

每天清晨，莲进办公室，不管迟来早到，总要搞一遍卫生，单就她的洁癖，就让其他人不好意思。这还不大打紧，如果遇上聚会，邀上莲就有点煞风景。

有一次，同事虹买了一件格外好看的裙子，同事们就撺掇让虹中午请客。虹是个痛快女人，说请就请。男男女女正好一桌，点菜时，每人点一道。轮到莲，莲说随便。虹说哪有这道菜啊。莲说真的随便。弄得服务小姐不好下单。还是一个同事说莲姐喜欢吃鱼，有人说鱼已经点了。大家再催莲点，莲说我什么菜都吃，幸亏一位男士当机立断，点了个黄花菜，才算完成点菜工序。不过，这气氛就被莲弄得有点尴尬了，人家暗自以为莲与虹有意见才在这种场合故意找麻烦，其实莲与大家的关系都很好。

吃饭要上酒，席间男女对开，就选了红酒。通干一杯之后，大家就找虹下手。虹不漂亮，但喜欢笑，笑起来十分好听，大家都喜欢听她的笑。当虹看到大家有意为难她，就说出许多理由来推辞。一会儿说三杯不过冈，一会儿说醉倒怎么办啦。男同志就说醉倒他们来背。虹太胖，大家就轮流上阵，一个人背不起，两个同时上。虹左顾右盼，美目流转，笑意盈盈，把个酒桌气氛搞得热热闹闹。

接下来，男士们轮番轰炸其他女士，女士们一个个红云飞渡，撒娇使泼，说出许多理由，其实这些理由不过是大家推推辞辞，逗个乐子，谁也不想灌醉谁。就着丝丝作响的火锅，借着半醉半醒的朦胧，男士们就来敬莲。任你怎么动员，莲就是说喝不得。第一个上阵的同事碰了钉子，其他人也不敢再跟她开玩笑了。

还有一次，单位开会，因为事多，一开就到了晚上十一点。散会后，莲的摩托锁打不开，大家劝她先把摩托寄到门卫室。与她同路的刚自告奋勇用自己的摩托搭她，莲像一只受惊的小鹿，连忙摆头，说："不不不。"刚很尴尬，感觉挺没劲的，头也没回，骑上车冲进了黑幕中。第二天大家见了刚，笑话刚是不是有"前科"。弄得刚自嘲曾是一匹"来自北方的狼"。此后的很长一段时间，刚都不太和莲说话。

莲真的没有其他不好，业务能力强，为人正派。在单位，领导也很倚重。在家也是位好妻子，不打牌，偶尔跳跳舞。闲来看看书看看电视。但在同事眼中，她却好像缺少点什么。其实**莲就是缺少点女人味，她以为风情就是拘谨压抑的端庄，其实风情恰恰是一种随意与豪情，就像虹。这世界，如果女人多点风情，生活就多点乐趣。**

其实，做女人，不妨多点豪迈风情。即使长得不美，也是可爱的。

🌀 风情在于恰倒好处地展示

女人的风情是与生俱来的。但是并非每个女人都能把自己优美的风情自然地展示出来。风情不是风骚，风情不是放荡，风情也不是过度的矜持和娇羞。女人的风情在于恰到好处地展示女性温柔甜美艳丽的精神风貌，是一种状态、一种境界、一种文化。

女人的风情在很大程度上受着思想和观念的支配，所以风情也是一种文化观念的展示。传统的女人过于矜持和保守，她们往往把自己的风情隐藏起来或者干脆放弃；而另类女人则过于放浪，把女人的风情变形为一种纯粹的性感和欲望。

真正的风情女人没有任何刻意雕琢的痕迹。**风情不是卖弄和表演，更不是矫柔造作的扭捏作态，风情是非常自然的魅力流露。**

她们远离粗俗，而把气质和韵味祭为精神风骨。做恋人时，她娇羞含情；做妻子时，她魅力动人；做母亲时，她温情脉脉；半老徐娘时，她仍风韵犹存。

这不是由门第所决定的品质，她不一定是贵族。这是一种内在修养的外溢，是精神的雕塑，是血管里流淌的自觉，是灵魂绽放的花朵。在调制风情的过程中，她是个天才的调酒师，色泽品味俱佳。

世俗的女人总穿着"别人"的衣服毫无个性；摩登女人炫耀那身亮丽的名牌，骨子里流露出的是一种俗气；另类女人的衣饰又过于张扬和歇斯底里。这都不是恰到好处的风情女人。

风情女人的衣饰体现着品位。材质不在高贵，而是在和谐中透出精致、体面和高雅。或许远离时尚前卫，但也绝不与世俗为伍；她们在与众不同的别具一格中追求含蓄和韵味。

风情女人不会一味浓妆艳抹；不会穿着便装去出席晚宴；不会戴着粗劣的珍珠项链招摇过市；不会在朋友聚会的歌舞声中放浪形骸……

风情女人不一定是美女，但她迷人的微笑，会让人惊叹她的花姿蝶影。她不要人造的硕胸、肥臀、蜂腰所营造出的虚假性感，她的肢体

不会做出放浪的暗示，但她会给人充分遐想的空间。即使她不动声色，只是静静地坐卧，依然发散着撩人的风情。

她不想选用多么名贵的香水，也不想选用过于强烈、性感的香型。可她的芳香又是十分迷人，她是一首风情小诗，阅读她，使人感到别有韵味。

她们不是艺术家，但有着极好的艺术悟性。正是这种良好的艺术气质，给了她们与众不同的美丽聪慧。

·释放最高明的性感·

🌹 性感的关键是，释放的形式是否高明、是否有意境

性感的女人不一定漂亮，漂亮的女人也未必就性感。男人们或许可以对一个漂亮的女人免疫，但却极少有男人能抗拒一个性感的女人。所以，他们对"美"这个荣誉大方得很，是个女人就可以称呼她为"美女"，而对"性感"这个词的使用则要吝啬得多——实在是因为"性感"是一种比"美貌"更为稀缺的资源。

若说女人是花，则美貌不过是形是色，而性感却是香氛是灵魂是诱惑，前者是静态的，后者则是灵动的。

性感这回事，放诸于不同的女性身上，自会散发出不同的味道或产生异样的效果，真正要看的是其释放的形式是否高明是否有意境。有不少女性误把肉感作性感，抑或太着急地表现性感、太张扬地搔首弄姿，殊不知，更高境界极富美感的性感，是杀人于无形、"性感在骨子里"的。

如果是10年前，或者20年前，有一个男人对女人说：你很性感！我想这

117

个女人一定会勃然大怒,甩给对方一记耳光也有可能,此外,还要再骂上一句:臭流氓! 如果在今天,在现如今这个年代,同样是一个男人对女人说:你很性感! 我想,恐怕大多数女人都会心花怒放,心似蜜甜,有修养的女士或许还会报以微笑,然后朱唇轻启,淡淡地说一声:谢谢!

这个时代,是个性张扬的时代。女人可以有很多种美,比如温柔型、可爱型、智慧型、事业型、泼辣型、含蓄型……当然,还有一种是性感型。

性感的致命吸引力让 70 多岁的你仍然能让一个 30 多岁的男人对你不离不弃

说到女人的性感,可能很多人首先会想到是穿得很少,甚至暴露? 其实这只是对性感二字狭隘的理解罢了。女人的性感不只是表现在漂亮的脸蛋、丰满的胸部、修长的双腿、翘起的臀部上,**女人的性感,是女人从骨子里散发出来的一种迷人气质。这种气质可以在男人的心里划出丝丝涟漪,有欣赏她甚至渴望接近她的愿望,但是却没有玩弄她的欲望。**

张曼玉,一个充满自信的高洁女人,把性感发挥到了最高境界。当她褪去华美的衣衫,卸掉奢华珠宝,最后留下的是真我的风采。这样的女人自然而自信,内涵丰富,即便最朴素简洁的服装穿在身上也同样光彩照人。这种光彩独一无二,无法效仿。张曼玉历经岁月的磨砺与沉淀,从最初人们眼中的花瓶到最终享誉国际的戛纳影后,她的魅力与她的年龄完全成正比例增长,举手投足间散发出逼人的气质,哪怕只是无意间的回眸一笑,妩媚里也有自信的阳光。即便身为一名身穿随意 T 恤的配角,也毫不逊色于穿着世界最著名时装的主角,完美谋杀掉所有在场记者的菲林。这不只是因为她的完美的背、美丽的腿和精致的脸,更是她所赋予它们的那种自信、从容的气质和光华,这是一种发自骨子里的性感。

因为电影而成就一个作家的事，总是屡见不鲜的，《情人》与杜拉斯就是这样。杜拉斯从十几岁开始写作，但直到她70岁的时候，《情人》的出版，不，是《情人》拍成电影后，她才广为人知。杜拉斯的小说无疑是最性感的小说，而她本人也是充满了灵性之美的性感女人，她的文字中少有美国人那种大大咧咧的爽朗不羁，完全一派法国女人式的隐秘的快乐，让人产生无限遐想，仿佛在热带雨林里穿行。那是法国浪漫和热带性感的完美组合，永远的情人和尤物。大多数人不会想到，杜拉斯在写作《情人》时，已是70高龄。在这个平常人看来已是年老色衰、只能混吃等死的年龄，她却依然对生命充满了激情和期待，并用最性感的文字把这种感情完美地表露出来。杜拉斯告诉我们，性感并不仅仅是肉体，它更是一种情趣或情怀。所以，她才能在70多岁高龄的时候吸引一个30多岁的男人对自己不离不弃。

一个感性的女人，才有可能成为一个性感的女人、一个充满了灵性之美的女人。

🌸 最高层次的性感是"撩人于无形"

一个风尘女子可以打扮得很妖冶、很暴露，或许也可以说很性感，但是这种性感只是一种感官刺激，只是对男人短暂的生理诱惑。一个自信、优雅、正派的女人同样也可以很性感，这种性感则是一种深层次的、可以穿越精神的感染力。这份感染力或许从女人的智慧中迸发出来，或许从女人优雅的谈吐中洋溢出来，或许从女人的身体中由内至外流露出来。

称得上性感的女人，一定是有"女人味"的女人。就是那种具有一定内涵和品位，懂得生活的艺术和艺术的生活，一举手、一投足之间即可不经意地流露出无限风情的魅力女人。要想成为这样的女人，你首先必须接受你的性别，并喜欢挖掘自身的性别之美。比如，喜欢留起长长的头发，喜欢各种精美的首饰，喜欢穿高跟鞋和裙子，喜欢自己身体上起伏的曲线，喜欢依靠在男人的怀里的感觉，喜欢女人身上固有的母性，喜欢为自己心爱的人生儿育女，甚至喜欢并能够享受健康的性爱。无法想象一个有严重重男轻女思想的女人能有多么性感迷人。

那种从骨子里散发性感的女人是最迷人的，这种性感不轻浮、不造作、不庸俗、不妖媚、不放荡，而是一种健康的、自然的、柔情的、感性的、优雅的性感。

一个女人的外貌、身材、装扮、举止、气质、谈吐、声音、性情、文化、修养、品位等，都是构成性感的条件，评判一个女人的性感也应是全方位的、整体的。作为女人，最高层次的性感是那种"撩人于无形"，也就是从骨子里散发的性感。如果有人说我很性感，我会很欣慰。如果我还不够性感，那我就努力修炼，做一个从骨子里散发性感的女人！

女人尚健康而健全，大抵就性感几分。其实，不必妖冶、不必放荡，只要拥有女人本心，几分温柔、几分真心、几分动情，在别人看来，你就很性感了。

·幽默，一件让女人鲜亮的外衣·

那殷红的酒，才到嘴里，却上心头

一说到幽默，总会有人认为那是男人的专利，与女人无关。其实，幽默同样是女人赢得幸福生活的法宝，一把打开他人心灵大门的钥匙。创造个性中的幽默会使女人如鱼得水，左右逢源，更能在纷繁复杂的世事中从容不迫、笑对人生。30 几岁的女人，多一点幽默，就多一点韵味、多一点灵动。公共汽车上，男人踩了女人一脚，男人赶紧说"对不起"，女人风趣地说："不，是我的脚放错了地方。"这样的女孩是不是比破口大骂的女人更可爱？

没有幽默感的女人，就像鲜花没有香味，只有形，没有神，可惜了光鲜外表，看上去，总差那么一些灵气。

幽默是什么？是智慧的提炼，是才华的结晶，同样一个意思，通过她的头脑组织出来，然后由她的口中说出来，就能给人带来意想不到的愉悦感。幽默的女人不但受异性的倾慕。而且也受同性的喜爱。只要在她身边，就会快乐不断。

幽默不是讲低级笑话，幽默是一种真正的生活智慧，是经历了动荡和挫折之后、是享受过富贵和排场之后，依然保持一种乐观、积极，绝不轻易放弃的人生态度，不自怜自悯，也不妄自菲薄。现代女性的魅力，往往因此而生。一个懂得幽默的女子比一个毫无幽默细胞的女人更加性感，因为这意味着她聪明，懂风情，善解人意，并且，还有勇敢的自嘲精神。

幽默是大智大慧大彻大悟，是多余智力在不经意中的流露，看似随意，却是浓妆淡抹总相宜的洒脱，由此串联产生的美丽，便绝不是高档化妆品和品牌时装可以比拟的，也不是穿梭于美容院与减肥中心所能成就的。幽默是学问，是知识，但又不完全是，它是智慧灵动的闪现。

幽默，可以使女子美丽，你跳跃的思维，诙谐的话语，醉人的神态，调皮的表情，给人清新，使人倾心，一如满目的秋叶，吸引人的目光的，定是那风中旋转的，飘舞的精灵。幽默还可以使你冷凝的艳丽变得亲切可人，一如那殷红的酒，才到嘴里，却上心头……

女人不但应该懂得幽默，更要懂得运用幽默！

有个女人生病住进了医院，医院给她安排的病房属于二等，比较高级，而她的生活条件达不到，于是，她准备换房。负责查房的是一个性格阴郁的护士，脸上很少有笑容，其他病人都说跟这样的护士说不一定行，没法沟通。

当护士来查房时，女病人说："护士，请把我安排在三等病房吧，因为我很穷。"护士听完，紧皱眉头，她刚为别的病房病人欠费又不走而大发了一顿脾气，现在又碰到要换房的，以为住旅店呐，真是烦人！她没好气地问女病人："没有人能帮助你吗？"病人如实回答说："没有，我只有一个姐姐，她是修女，也很穷。"哪知道护士听后撇撇嘴，揶揄道："修女还会没钱？谁不知道她们富得很，因为她和上帝结婚。"

病人没想到护士会这样讽刺自己，她十分生气，但她没有与护士吵架，而是用自己特有的幽默回敬道："好，那就麻烦你，把我安排到最高级的一等病房吧，以后你把账单寄给我姐夫就行了。"

谁知护士听后脸上露出了难得的笑容，她被女病人的幽默逗笑了，心情不再郁闷，也诙谐地说："那就算了吧，我去找上帝的差旅费，医院不给我报销啊！"其他病人也都笑了。

懂得幽默的女人是豁达的，会幽默的女人是聪明的。**不论环境对自己怎样不利，都可以通过机智幽默的言语来弥补人际间的思想鸿沟。**一个幽默的女人，肯定是一个热爱生活的女人，有着淡淡的从容和无惧，会用带笑的心去体会生活、感受生活，去化解生活上的一切问题。

幽默是上天赐予女人的神奇法宝

能轻松幽默地过日子是一种福气，也是一种乐观的生活态度，当然这并不完全是与生俱来的天性使然，很大一部分是来自成长的环境，所以也可以说，幽默是一种生活习惯、一种行为模式。比如说大多数的美国人，自小成长在一个喜欢玩、会玩的国度里，他们喜欢嘻嘻哈哈地过日子，一点小喜悦就可以夸张成大欢笑，一点小感动可以化为大快乐，实在是一个豁达开朗的民族。

较之美国，中国的女性却对生活太过严肃、对事情太求周全。讲究含蓄的感情、讲究很多规矩、讲究逆水行舟般地勉力而行。所以大家都活得非常沉重，根本不能如写意画那般随性而潇洒。

所以，总是感觉自己不快乐的女人不妨学学美国人的生活方式，学学怎样开别人的玩笑，学学怎样拿自己开涮，慢慢地，你会发现，你的生活中笑声越来越多，压力越来越小，人也越来越快乐。因为幽默可以出奇制胜，化腐朽为神奇。

幽默可以使女人在交际场上压倒别人，同时也能感染他人。幽默可以激起高昂的情趣，还可以缓解沉闷紧张的气氛，使大家在快乐、融洽、亲切、祥和的氛围中相处。幽默也是摆脱窘境的良方。幽默是上天赐予女人的神奇法宝，因为女人的幽默不仅能传递出她们心理的欢愉，也是她们赠送给世界的一份美好礼物，可以"传染"给他们身边所有的人，让人们保持愉快心境的同时，也深深折服于女人的美丽智慧。

懂得开玩笑的女人永远快乐

俄国文学家契诃夫说过："不懂得开玩笑的人，是没有希望的人。

幽默的女人是智慧的，因为幽默必须具备一定的文化底蕴，没有"喝"

过墨水的人是学不会幽默的,但喝墨水再多,没有灵气也是不行的,所以,但凡幽默的女人总是兼具才气与灵气。

幽默的女人是自信的,因为幽默有时就是一种自嘲,一个姿色平庸的女子若是能将自己的外表当做玩笑,那么,可以肯定,她已经并不以此为卑,而且,她在自己身上一定已发掘出更多让她引以为傲之处。

幽默的女人是乐观的,因为幽默机智的反应并非只是能言善道,它是一种快乐、成熟的达观态度,当身处险境之时,并不会因此沉沦丧志,却总能开朗豁达、从容不迫、笑对人生,从而领略到人生的别样风景。

幽默的女人是可爱的,她总是能适时地在一汪清水之中激起点点涟漪,使得平日里琐碎的生活增添几分韵味与情趣。

女人,在经营外在美丽的同时,别忘了经营一份心绪、一份韵味、一份流动的荡漾的幽默,那样,你会在举手投足之间媚态百生,顾盼流连之际秋波荡漾,在你平淡朴实的生活里,多一份妩媚给自己,多一份鲜活给别人,多一份别样心境给自己,多一份别样风情给生活。

·女人的童心最具杀伤力·

❀ 活到 60 岁还像是心底纯净的女孩

据说,有两种类型的女子最具杀伤力:那些十七八岁已是风情万种的女人;那些活到 60 岁还像是心底纯净的女孩。

30 几岁的女人,还很年轻,当然更有资格保持自己的童心。一个女人,什么样的状态是最好的? 就是一种永葆天真,永远不失稚子之心的状态。

无论你有多高的职位、多大的学问，不论你已经拥有了什么，都保持着孩子般的欢喜、孩子般的满足。

30几岁女人的童心是孩子和成人的混合体，比如张娜拉。她本身似乎不具备万人迷的特质，她甚至会突然像个孩子般凑到你眼前问："你不觉得我长得很奇怪吗?"但这个天真的女孩子却征服了许多人的心。

几乎所有的人对张娜拉都有好感，从不吝啬价钱的韩国广告界用天价证明了张娜拉在韩国的号召力。能够以一种孩童般的天真形象走红，张娜拉觉得相当自在，而且她也始终不曾为自己面临的成长问题和与日俱增的名气感到担心："好像没有其他的韩国艺人像我这样吧，感觉自己就是一般人。我去超市买东西，大家看到我，都把我当小孩子，从来没有把我当明星，他们就像是看到自己家的孩子一样，说:'啊，娜拉，你来啦?'"

她说:"我一直以来心态就像个孩子，没有心计，也没有那么多浮躁的情绪。我反而担心，大家会不会觉得我在装嫩啊?"

世界本来已经太复杂，那么，一个女孩儿简单但不苍白，天真但不愚昧，就算是被人说成装嫩又有何妨?

你的天真可以表现为孩子气，也可以表现为女人味。如果两者合一，你简直成了落入人间的精灵。做女人，最重要的是聪明，也要天真。天真不代表幼稚，心无城府不代表愚蠢。**一个有着一颗童心的女人是永远不会老的。**

童心不是"装嫩"

童心是大度量、是无邪，是对蝇营狗苟的不屑，是对斤斤计较的藐视。拥有童心的女人就拥有了纯洁、真挚、坦率与真诚。女人若秉持这样的生活态度，于是就不会太过计较，这样万事就会变得简单。那么如何才能让我们活的简单呢？

拥有一颗童心，以孩子的眼光去看这个世界，去理解这个世界，多点单纯，少点世故，女人就可以活得更加简单、自然、舒畅。

拥有童心的女人永远年轻，心年轻了，人也年轻了。就让我们时时保持一颗童心，即使青春不再，朱颜已改，即使年事已高，步履蹒跚，我们的心依旧年轻，脸上的笑容依旧灿烂。保持一颗童心，就保持了一份对生活的热爱，对世事的达观，对人生的领悟。

有童心的女人必定是可爱的。她在由女孩成长为女人的过程中，会经历所有女人都会经历的一切。平时，她不施脂粉，素面朝天。她爱穿纯棉的衣服、舒适的鞋。因为她懂得，清新自然就是美。她不会在脸上涂满昂贵的化妆品，穿一身品牌的衣服，她不会做让身体受罪的事。尽管她早已知道一颗钻石远比一颗玻璃球要值钱，但她依然会把她儿时的玩偶当宝贝一样珍藏。她会和孩子一起看卡通、玩游戏，互相扮演故事中的小公主和老巫婆，甚至比孩子玩得还要投入，似乎是孩子陪她玩而不是她带孩子玩。她会和孩子互称姐妹或姐弟，和他们没大没小，以和他们成为朋友而自豪。她和有些女人的"装嫩"有本质上的不同，一个"装"字，就道出了她们的虚伪。

❀ 不让"天真"与"无邪"离我们越来越远

女人在本质上其实就是一个孩子，能够活得像孩子一样无忧无虑，是女人一生中最大的幸福。

有童心的女人，是发自内心的率真。哪怕她在感情的路上历经坎坷，受尽伤害，她也依然坚定地相信爱情的美好，相信生活一定会在某个地方给她开着一扇希望的窗。因为她知道，阴霾是暂时的，生活对每个人都是公平的，所以她会微笑着去过每一天，不会向生活去埋怨什么、奢求什么。在她的内心深处，永远都保留着一份孩子的纯真，有一块没被尘世所污染的净土。所以，一个有童心的女人，从某种意义上来说，她依然是个孩子——一个最美丽最纯净的孩子。

当你拥有童心的时候，你会充满信心，你会充满快乐，你会发现天是那么的蓝，水是那么的清澈，一切原来如此美好，连自己都是那么的年轻。其实生活本身并没有那么多的欢乐，烦恼总是随着成长而来，再回首，历历在目的是往日深深浅浅慌乱的足迹。但越是这样，越显出快乐的弥足珍贵，越需要学会在生活中寻找快乐，制造快乐。

女人们一路走来，会因为忙于应付生活，忙于应对压力而毫无知觉地丢掉了那颗纯真的童心，"天真"与"无邪"离我们越来越远。工作的压力替代了童年的幻想，生活的琐碎埋葬了纯洁的稚子之心。我们开始学会算计、学会敷衍，并从此背负了沉重的生活重担。我们忘记了那时候四季如歌，忘记了那似水年华，忘记了那童年的歌谣，忘记了纯真年代的白裙子和旧草帽。也许只有当我们老得哪儿也去不了时才会发现，这些才是我们最念念不忘的东西。

🌸 糖果是甜的

童心原本是这世界上最原始的本色，没有一点功利色彩，就像花儿的绽放、树枝的摇曳、风儿的低鸣、夜晚虫声的轻唱。倘若拥有童心，女人们就不会把生活中的事情看得太过复杂，就会懂得如何删繁就简，去掉那恼人的枝蔓，把一些纠缠不休的事梳理得井井有条。面对生活中的恩怨，拥有童心的女人能够相逢一笑泯恩仇，像闹了别扭又和好的孩子一样，一笑之间化干戈为玉帛。**面对人生的种种诱惑，拥有童心的女人能够不为所**

动;面对平凡而琐碎的日常生活,拥有童心的女人能够陶醉于平凡的浪漫与天伦之乐之中。

有童心的女人会完美地扮演好自己的各种人生角色。她富有童年的乐趣,能够充分了解孩子的心理,和孩子进行最有效的沟通,会成为天下最称职的母亲;如果她是一个老师,她会用心和学生交流,成为学生的知心朋友,堪称最称职的老师;她具有豁达平和的心态,与人交往会付出满腔真诚,从不会暗箭伤人,是一个可以推心置腹的好朋友、好知己;她还会是个好妻子、好婆婆、好职员、好上司……

有童心的女人是浪漫的,浪漫的女人心态永远年轻。浪漫是女人的天性,看到鲜花,浪漫的女人会眼光发亮;看到流星,浪漫的女人会许下心愿;看到飞鸟,浪漫的女人会向往自由……然而随着年龄的增长,琐碎的生活和越来越多的自卑感使她们浪漫的心态一点点流逝,慢慢地,她们人未老心先老,而心态的衰老就像最速效的催化剂,加速了她们身体的衰老。

坚持用一种无邪的眼光看待世界,像个孩子一样,依旧能感觉到天的蓝、糖果的甜、书本的香……

·浪漫也可以如此平凡·

🌸 小浪漫大幸福

有一首歌我很喜欢:"我能想到最浪漫的事,就是和你一起慢慢变老,一路上收藏点点滴滴的欢笑,留到以后坐着摇椅慢慢聊。我能想到最浪漫的事,就是和你一起慢慢变老,直到我们老得哪儿也去不了,你还依然把我当成你手心里的宝。"

浪漫的女人很温柔,而女人的柔情,男人最受用。

懂浪漫的女人更显温柔,更有情趣。男人最无法拒绝的就是女人的那份温柔。浪漫经过女人一渲染就成了别样的温柔,具有更大的杀伤力。好久不见的他来看你,你娇羞地要他抱抱你,问他你有了怎样的变化,胖了还是瘦了? 他说,胖了,你假装生气说:怎么一点时间没见就开始嫌我不好啦? 他说,瘦了,你故作委屈状:根本没用心抱我,随便敷衍我;他要是说,不胖不瘦,老样子,你可要急了:你是不是不在乎我了……女人就是这样,在男人的不知所措里将他的心如钢铁化为似水柔情,让他从此再也不忍心远离。浪漫感动自己,也感动男人。

❀ "归真返璞,则终身不辱"

在北方,冬天储存大白菜的年代一去不复返了,但偶尔也买一两棵白菜调剂一下。一次,我顺手把吃剩下的白菜根扔在角落里,准备等有空时再收拾倒掉,可一忙起来就忘了。过了几天,那被切过的白菜帮儿的空隙间长出了嫩嫩的绿芽,阴暗的角落里没有土,没有水,没有养料,也没有多少阳光,它竟能发芽,使我眼前一亮,恰好家里有一个空花盆,索性就弄点土把它埋起来,放在阳光下,静观其变。

有了阳光、水分和土壤,它如鱼得水,几天工夫,已长高了不少,还长出了小米粒大小的花蕾。又过了一天,那小小的花蕾绽放出一朵朵浅黄色的花,一簇一簇的,散发出淡淡的若有若无的清香,吹一口气,花瓣儿便落雨般倾撒满满一窗台,给在冷冷冬季中徜徉的我带来了无限的愉悦和遐想。

从此每天欣赏白菜花成了我的必修课，而每次看都给我带来新的感受，花开是欣喜，花落是盼望。我几乎忘记了它是在曾被我遗弃的白菜根中诞生的，把它当成宝贝似的珍惜。

一次，朋友到我家做客，看到这盆不知名的小花很感兴趣，猜了许多花名也没猜中，当我把种花的经历告诉他，说这只不过是一盆白菜花时，他惊讶不已：没想到白菜花也这么美丽！

其实，白菜花本身并不漂亮，也没有任何高贵可言，愿意养，挖个坑埋点土就可以了。可它毕竟是花，是北方深冬里的花儿，无论它多么简单纯朴，多么不引人注目，那都是生命最华丽的绽放，没有什么能拒绝对生命的渴求，就像山石缝里的小草，一旦遇到合适的条件，无论头顶的石块是多么沉重，也一定要倾尽全力绽放绿色，装点春天。

我难以忘怀白菜花给我带来的灵感和浪漫，它感动了自己，更感动了别人，这是一个多么美丽的征服啊！生活日复一日，年复一年，平淡无奇，所以我们渴望生活有一些改变，打破以往的单调和千篇一律，正如古人所云"归真返璞，则终身不辱"。

🌸 浪漫没有大小之分

让我们忘记生活的平淡、平凡、平庸，拥有一份自由、自在、自信，用一双充满智慧的眼睛去发现身边的美好，用一颗充满阳光的心灵去倾听生活的万顷波涛，感知生命的顽强，那么，浪漫就离你不远了，因为，浪漫不是富贵者的专利，只要心存善念，平凡也浪漫。

浪漫不一定是花前月下、不一定是烛光晚餐、不一定是 999 朵玫瑰。千万不要因为男人不能给你想要的浪漫就抱怨他，男人们整天在外打拼，心力交瘁，如果女人为了那虚无飘渺的浪漫而怪罪男人，结果只能越怪罪离浪漫越远,最终窝一肚子气,惨淡收场。

聪明的女人是不会这样的,她们懂得浪漫的真谛,懂得在平凡简单的生活中去追寻浪漫的蛛丝马迹。哪怕只是一个温柔的眼神、一次简单的牵手、一声再普通不过的赞美,都会让她们感到满足。其实浪漫没有大小之分,浪漫就是生活中最简单的点滴,只要你用心去发现,你一定能找到属于你的浪漫。

❁ 浪漫的女人,心里永远有一幅浪漫的风景

浪漫女人,不一定美丽,但一定要智慧;不一定聪明,但一定要灵气;不一定优秀,但一定要独立。浪漫女人,不但要有一份独立的工作,还要有独立的人格;不但要对生活充满热情,还要对爱情充满信仰。

浪漫女人常常行走于浪漫中,人生时时陶醉在浪漫里。女人往往比男人更钟情于浪漫、梦幻于浪漫,特别是有了婚姻的女人更加渴望浪漫,也容易追忆浪漫,也更容易失去浪漫。浪漫的女人时时记得浪漫故事的每一个情节,她记得和丈夫携手拼搏的每一次艰辛和胜利,她记得每一个孩子的成长故事。浪漫的女人,心里永远有一幅浪漫的风景。

浪漫女人喜欢在生活中时不时自己制造出一点惊喜、一点风情、一点智慧和情怀。她可以在美丽的夜晚为自己点燃一盏小橘灯,静静地坐在地毯上细细地品着香茗,慢慢回忆过去的风景,为自己剪一片理想的羽翼;她可以在美丽的夜晚和心爱的人一起站在阳台上看星星,永远幸福地傍依着那个和自己一起慢慢变老的人。

懂得爱的女人,知道如何在爱情里创造浪漫和享受浪漫。对她来说一个温馨的家就是浪漫的起点站。女人的浪漫是在丈夫或孩子生日时,在水晶花瓶里插上一束美丽芳香的鲜花,亲手做出一桌色香味俱全的饭菜。浪

漫的女人就是一直到老还能和老伴牵手相伴，漫步在和暖的春日下晒太阳，轻言细语地说着孩子们的琐事，这才是真正的浪漫。

曾经看到过一对老人早上散步，他们一个拄着拐杖，一个挽着对方的臂膀，虽然动作缓慢，但是他们的眼神却一直在交流着，好像对方额头上的皱纹，眼睛下面的眼袋，干瘪的嘴里掉光的牙齿都是对方眼里无比珍贵的东西。真是少来夫妻老来伴啊！

其实，浪漫不是一件奢侈品，它就在你生活的每一个细节里。

不要做虚荣的浪漫女人，也不要刻意地不顾一切地制造浪漫，浪漫和金钱没有关系、和排场没有关系、和物质也没有关系。其实浪漫无处不在，就看你如何驾驭它了。

·路边的野花真美·

🏵 在司空见惯的生活里欣赏美

30 几岁的女人生活太过繁忙、压力太过沉重、责任太过艰巨，于是 30 几岁的女人活得暗无天日，忘记了阳光的温度、花朵的绚烂、大自然的美丽……生活的繁杂和世事的无奈，迫使我们懒得去想那些风花雪月的往事，平淡的生活激不起半点涟漪，少了很多情趣和生机，这样的生活怎么会有情调可言？

为了活得更好，我们无可奈何地选择了竞争，选择了与优秀为伍。于是，从小到大我们一直被赋予很多期望，接受了很多挑战。无论读书，还是生活，都应该是出众的，是被人羡慕的。一路走来，为了获得成功，从没有放松过对自己的要求。读书时成绩始终是佼佼者，工作时始终尽责尽力，生活时始终精致如一，在许多人的眼里我们也许是个不错的生活典范。可是这样锲而不舍的追求常会让我们觉得有些疲惫。

一个偶然的机会，得以和一个商界的女老板聊天。她是一个成功的商人、一个算得上出众的女人，她有着精明的外表、成熟的体态、睿智的言语，但她娓娓道来的却是对生活的无奈，对女人好强的选择的后悔。提及将来，她宁愿平淡，有种曾经沧海的苦涩与酸楚。为了公司的生意，为了自己的事业，她已经久未捧起家里精致的茶壶，她已经久未品尝过香浓的咖啡，她已经久未涉足影院，她已经久未欣赏音乐，她已经久未翻阅喜爱的书籍，她已经久未爬山涉水，她几乎已经忘记大自然的颜色了……很久了，她说她放弃很多爱好已经很久了。就是因为她的事业，那份只属于她，靠她打点的事业。她在商界无疑是成功的，有公司，是老板，气势宏大，呼风唤雨，走在人群中，她因为成功而显得愈加自信与美丽。但联系到生活中的她，我们却无法认同她的成功。在她把精力全部投入到事业中的时候，根本无暇让自己过得精致而轻松。她必然要放弃爱好，放弃很多享受，放弃很多平静的幸福。这就是好强的女人拥有的生活。她说，她不会让自己的女儿再重复她的路了。我戏说，那商界岂不是少了个女强人。她说我就是要扼杀她的所有天赋，让她做个恬淡的女人，让她学会享受生活的美丽。

是啊，如果她一直这样下去，她的生命会变得越来越乏味，心灵会越来越空虚。我们必须要有一颗敏感的心，在生活中不断发现美，在司空见惯的生活里学会欣赏美，为自己营造一份美丽的情调。

你听，屋外响起了蜂蝶振翅的颤音

看过一副漫画叫《格子》，画面被错综复杂的格子分解成无数个小块，一个身穿正装的白领被囚禁在格子的中央。画面视觉冲击力极强，观者能深切地感受到画中人物濒临窒息的命运。在白领供职的高档写字楼里，可能处处可见盆栽的美丽鲜花，但是，我想他可能更愿意嗅触大自然中路边野花的味道。

忽然想起一个生活的片段。在某个初春的早晨，一棵树下立一妇人，伫足仰视，我站在其身后好奇地观望，她回头满眼泪光地说："看，树上鸟巢里的一只雏鸟出生了，多美丽的生命！"我忽然被感动了。生活中处处都有如此美好的细节正等待你去发现，不是吗？

生活中的恬淡，在于平凡。让自己的心安静下来，澄清下来，世间的一草一木、一石一鸟便呈现在你眼前。只要做到心静，美丽就会自现。

在某个清晨，阳光透过窗帘照射在你的床前，在你醒来的一瞬间，你感觉到自己已被一种别样清新的空气所萦绕，屏息听来，屋外居然响起了蜂蝶振翅的颤音，这难道不是生活的一种别样情调吗？

我们都是平凡的人，在这个世界上，无论我们怎么折腾，都无法达到心中的成功。不是没有成功，是因为成功根本就是没有标准的，也没有尽头可言。当我们达到自己的目标时，也许我们又要苛求自己为了下一个目标而努力，当我们达到下一个目标时，我们又有了新的追求。周而复始的，我们始终被套牢在成功的影子里，始终追求，始终不得。

所以，女人恬淡地活着，才能感受到生活的本意。让自己过得轻松点，进取的日子固然催人奋进，但淡然的日子才能让人平静。生活中很多很多的东西值得我们去欣赏，一杯清茶、一本好书、一朵繁花、一片白云、

一叶扁舟……怡然自得，孤芳自赏。这样的平静和淡泊又何乐不为呢？

放弃很多物质的东西、放弃很多喧嚣的烦恼、放弃很多嘈杂的竞争、放弃很多龌龊的勾当，我们该还自己水样的面目、水样的年华。静来品品香茗，听听音乐，看看书籍，写下自己的只言片语，打点自己的美丽岁月，这样的从容与美丽，才是最有情调的生活。

🌸 让身体在风中自由徜徉

恬淡的女人崇尚简单的生活和简单地活着，崇尚做人的善良、率直和坦坦荡荡。能少即少的出头露面，换来的是心灵的清净，是人生乐趣的享受，是对人生况味的品评。滚滚红尘中，恬淡的女人拒绝人在江湖的油滑和龌龊，珍爱自己的名誉胜过一切，用对人生和社会的宽容换来内心的宁静和从容。

恬淡的女人会在世事牵累、终日忙碌中，挤出空闲，以恬淡的心境去呵护那头秀发、那张面庞、修饰自己、滋养自己，晴空下映出的是她那温煦的笑容、端庄的气度、浓郁的韵味和深厚的内涵。

恬淡的女人懂得珍惜亲情与友情，她们深知，温柔、宽厚、豁达，修炼健康的心智对于女人的人生十分重要。爱恨情仇、恩怨得失，虽无法彻底忘怀，但可以宽宥，可以慢慢沉淀心底，甄别出什么是真爱，什么是逢场作戏。恬淡的女人懂得什么属于自己，什么不属于自己。

张学友在歌中唱道"很想和你一起吹吹风，去吹吹风，虽然你是不同时空，还是可以迎着风随你说说心里的梦"。选择某个闲暇的假日，做个情调十足的女人，牵着亲人的手，穿过春天第一抹新绿，让身体在风中自由徜徉，耳边缠绕着啾啾鸟鸣，鼻中游荡着阵阵花香，这可能就是幸福的方向。

听说现在有专门的"心智俱乐部"，就是为一些白领、企业家提供养心之所。因为这些成功人士终日沉溺于繁琐的工作状态中，已经失去了生活的情调和快乐的本能，"心灵的桃花源"已路断径绝。

30 几岁的女人们，稍稍放慢你的脚步，给自己放松的片刻，寻找一个快乐的理由，留意一下身边美好的事物。你发现，天是蓝的、风是清的、花是香的、人是美的、爱是甜的……

第六章　在婚姻与家庭之间亦可游刃有余

婚姻的维系，靠爱是不够的，爱这个字，任何人、任何时机都可以说出来，过于相信爱情是一种沉醉，醒来后会发觉，自己深受打击。男人喜欢美丽，热爱追求，喜欢接受新鲜事物。

婚姻究竟该靠什么来维系呢？应该是友情，与自己的男人建立良好的友情，做到无话不谈，包括自己做爱时的性感受，以及自己喜欢的身边的某个男人；当遇到困境要求助于他时，必须是自己先想一些办法出来与他探讨，而不要什么事情都要男人做主，封建的"嫁鸡随鸡"已经不时兴了，要有自己的主见和观念，摆脱依赖的思想。任何时候做事都要果断，不要总说"随你吧"或者"你说呢"，关键的时候要说"我要"，"我就要"。

时刻让自己保持初恋的状态，对自己的男人犯下的过错，像对待恋人那样宽容，像对待朋友那样忍让。偶尔使点小性儿也需要技巧，吵架千万不要过夜，也千万不要冷战，知道是自己错了，固执一会儿后马上道歉，不要让男人产生反感。也千万不要把两个人的矛盾上缴到父母那里，要学会自己解决，否则会让你的男人离你越来越远。记住，把自己的男人当做朋友，婚后的"爱情"不可能比"友情"来得更长久。

·"装傻"的女人真聪明·

🌸 当聪明男人遇上"傻"女人

当聪明男人遇上聪明的女人，结果等于战争；当"傻"的男人遇上聪明的女人，结果等于绯闻；而当聪明男人遇上"傻"女人，结果却是结婚。看来"傻"女人身上的确隐藏了很多奥妙。据说，傻女人还有一个最大的好处，就是运气好。当然，这点只有当聪明男人娶了"傻"女人才能感受到，也才能体味其中的妙处。

其实，许多男女之间感情出现问题，就在于不知道什么时候该聪明、什么时候该装傻。

"装傻"，是一种技巧。雨桦和丈夫结婚10年，依然恩恩爱爱。她的秘诀是：给老公最大的面子。在她卧室的墙上有一个字条，上面是她制定的"家规"，第一条：历史证明老公永远正确。一切事情都由他做主；第二条：万一他不对，仍参照第一条执行。后来老公在感动之余又添了一条：夫人享有总裁决权。男人都是很要面子的，如果你给足他面子，他不但会感激你，会对你的宽容和护佑刮目相看，还会加倍地对你好。这么划算的事，何乐而不为？

聪明的女人不容易得到幸福,因为她把一切都看得太透了,一切在她的眼里并不是那么的简单,如果一个人总把事情想得太复杂的话,那么她一定不快乐!

我有一女性朋友,她有美貌、有地位,人也很聪慧。可她先后谈了多少男朋友,连自己也说不清,但直到她已是不惑之年却还是孑然一身。男朋友向她许诺:"房子问题很快就解决了。"她便会深入男友单位调查,然后批驳说:"分房子根本就没考虑你!"男友向她许诺:"很有可能要提升。"她又进入男友办公室探听,回来批驳说:"你根本别抱幻想。"于是她的男朋友像走马灯似的一个个走开了。这样的女人真是太较真了、太清醒了,所以没有一个男人愿意和她长相厮守。聪明并不只是体现在智力上,更多体现在心态上。幸福就是一种心态上的满足感,聪明的女人知道什么事情什么时候该满足、什么时候该激励。自以为聪明的女人并不聪明,那些总是抱怨自己得不到幸福的女人都不是真正聪明的女人。真正聪明的女人该糊涂的时候不糊涂也装糊涂,该聪明的时候才表现出自己的精明能干,所谓的幸福也就水到渠成了。

其实我们的一生有很多时候是应该糊涂一些的,有时候"有为"不如"无为",这正是中国儒家思想提倡的中庸之道!古人说的"聪明乃是罪过",便是这个道理。

🌸 看上去傻乎乎心里却亮堂有谱

当然,这里所谓的"傻"女人,不是指智商低下的真傻女人,而是看上去傻乎乎、心里却亮堂有谱的那种"装傻"的女人。

于丹是个傻女人? 看到这句话你可能会很吃惊,那么博学多才机敏睿智的高品质女子怎么会是傻女人呢? 然而事实是,这个在课堂上将庄子老子孔子解说得头头是道的女人，在现实生活中却是个不折不扣的糊涂蛋。比如说，她在北师大呆了二十几年但直到现在还经常找不到自己的教学楼，在校园中人们经常可以看见她上课之前揪住某人气急败坏地说："快把我带去教四楼！"据说她最初就是因为类似的小糊涂而深得导师的欣赏和钟爱。

当然了，于丹的"傻"是带引号的，听过她讲课的人无一例外都认为她是聪明而机智的，而她的"傻"似乎用"大智若愚"来形容更加贴切，甚至不能排除她是在"装傻"，只不过是她装得隐蔽、装得恰如其分。

"装傻"是一种境界，是聪明女人想要达到某种目的的另类手段。其实"装傻"并不是让女人唯唯诺诺忍气吞声，男人怎么操纵她怎么服从，而是换一种思维方式，换一种行为表现，不与男人正面冲突，曲线救国。适时恰当的装装傻往往会收获出人意料的惊喜。斤斤计较的女人可能会得到一时的满足，锋芒毕露的女人可能会得到一刻的虚荣，但是在满足和荣耀的得意之时也许就埋下了隐患、种下了祸根，终会在将来的某一时刻来一个大爆发。

⚜ "装傻"的女人离幸福很近

会"装傻"的女人，其实已达到了一种极高的境界，是聪明人所为。那种明了一切却不点破的拈花微笑，最令男人着迷了。

有人说，婚前要把眼睛睁得大大的，认真选择；婚后只需睁一只眼、闭一只眼。所谓的闭一只眼睛，大约就是"装傻"吧！任何事情都有它的模糊地带，婚姻也不例外，一次次的较真儿，只能使婚姻产生一条条细小的裂缝，婚姻不是一朝一夕的事儿，天长日久，缝隙越来越大，终将无法修补，后悔晚矣。

有时候男人一不小心撒了谎，大可不必刻意去揭穿他，更不用和他拼命，就算你洞悉一切，你仍然可以傻傻地笑着说，我只是担心你。潜台词就是：我知道，但我不打算和你计较。特别是有第三方在场的时候，你给他留足了面子，他一定会心存感激，感激你的包容和护佑，会把你当成同盟，当成分享秘密的另一方，这种唾手可得的甜蜜，何必推辞掉？

聪明的女人，三分流水二分尘，不必把所有的事都探究个一清二楚，就算你天生有一双火眼金睛，世事洞明，把事事都辨个黑白分明，到头来伤了的不仅仅是眼睛，还会连累婚姻。只要把握住婚姻生活的大方向，不偏离正常的轨道，不偏离道德的航线，试试在小事上装一次傻，说不定你会爱上"装傻"这种生活方式，因为这种方式让你能真切地感受到幸福的存在。

🌸 做个幸福的"傻女人"吧

傻女孩在我们身边有不少，她们不太会张扬，从来是老老实实、稳稳当当的，但她们往往更容易获得幸福。

傻女孩天生不会说谎，有一不会说二，应变能力和聪明女孩比起来天差地别，不太会讨人喜欢。聪明女孩就不一样了，只要需要撒谎，反应极快、张口即来，绝不会脸红心跳。傻女孩不会算计生活，每当她与聪明女孩碰上同样喜欢的东西，且只此一件，退出的肯定是傻女孩，因为她不习惯争执。而聪明女孩会算计一切，包括爱情，永远不会让自己吃亏。傻女孩对什么都很认真，跟她说什么都相信，只是有些东西她绝不会轻信第二次。傻女孩做任何事，都先想着别伤害了别人，然后才想到自己能得到些什么。聪明女孩的眼里自己永远是第一位的，只要自己合适，就不会管他人感受。

傻女孩不知道手腕为何物。聪明女孩手腕耍得可以带花样。傻女孩会为自己拥有的一点点东西，而高兴得傻笑不止，所以她很容易满足。聪明女孩绝不会这么轻易对付,她的目的性总是很强,她会利用一切自己可以利用的东西,得到自己想要却没有的东西。每到这时,傻女孩往往会成为她最容易利用的对象。傻女孩没有太多想法,活得简单自然,但不是没有追求。聪明女孩就不同了,她的想法多如牛毛,过什么样的日子、开什么样的车,早在盘算之中。傻女孩总觉得别人是最美的,不知道自己其实也挺漂亮。聪明女孩一向认为自己是最美丽的,却忘了自己有几斤几两了。

傻女孩和聪明女孩比起来,不像聪明女孩那么时尚而惹眼,但你绝不会忽视她的存在,甚至会喜欢上和她在一起。因为和聪明女孩在一起,要时时猜测她话中隐藏的深意,要想博得她的一笑,不费些脑筋是不可能的。本已被生活重担压得喘不过来的男人们,谁还有精力放在这上面?而和傻女孩在一起,所有的顾虑统统不存在,按照自己的心意就好,一个小小的笑话就能让她会心地大笑。从她这里,男人们很容易获得一种轻松的成就感。所以,还是做个幸福的"傻女人"吧!

·偶尔在婚姻里撒个娇·

撒娇会让男人马上对你怜香惜玉起来

青春期时,我第一次听说有关女人撒娇与柔弱的魅力。一个从小就与我很要好的邻居大姐姐找我往海边散步。12岁的我不知道她正伤心,开心的不得了，在沙滩上又蹦又跳。她不像平常那样文文静静地牵着我的手说东说西，而是一个人坐在沙滩上出神。

按捺不住无聊的我用尽一切办法也无法让她高兴起来，最后，我双臂环着她的脖子，撒娇地说：我最喜欢姐姐了，陪我玩一下嘛，我明天后天大后天都不会吵你了。姐姐突然抬起头，眼睛亮亮地对我说："小妹，你真会撒娇，实在让人好难拒绝你。要记得，这样很好，以后长大了，也不要忘记。"

写到这里我忽然想起一个男性朋友说过，他的女朋友很容易生气，但是娇嗔妩媚的样子实在是太可爱，让他无论如何都舍不得怪她。会撒娇的女人是幸福的。

30几岁的女人大部分都游走于工作与家庭之间，繁琐的生活让我们忘记了谈恋爱时的浪漫，忘记了曾经的自己在他怀里是多么娇滴滴的一个小女人，但是，婚姻是需要不断维系才能长久而新鲜的。所以，别忘记偶尔在婚姻里撒个娇，像谈恋爱时一样。

撒娇女人的一声轻唤、一个眼神、一个动作都会让男人怜香惜玉起来。不会撒娇的女人固然勇敢、独立，可少了一点女人味，多了几分男人的强悍，这些绝对不是男人想要的。

在婚姻里，撒娇是每个女人的渴望和憧憬。一部电视剧中有这样一个情节：晚上，夫妻俩为琐事大吵了一架，第二天早上，男人去上班，女人无言地站在门口。

男人说：让开！

女人莞尔一笑：你就不能把我抱开吗？

这样的女人，男人能不爱吗？

🌸 撒娇，是软化矛盾的"原子弹"，无坚不摧

男人，需要一种类似母爱的欣赏、体贴、包容和关怀，一种无怨无悔、夫唱妇随的契合感觉。男人在年轻时，选老婆或选女友，都是看身材和脸蛋，人品性格和脾气通通不管；到了中年时，才会发现：原来，女人的美，不仅仅在外表，而在于具有包容心和好脾气的个性，尤其是会撒娇的女人，一旦撒娇撒到男人的心坎里，也就是打中了男人的死穴，这时就算她要男人去死，男人也会带着满足的微笑从容就义。好老婆是老婆中的精品，会撒娇的老婆则是老婆中的极品，可遇而不可求！

聪明的女人啊，只要你甜甜地称赞老公一句，他就会更卖力地为你卖命；娇柔地抱他一下，他的满腔怒气转瞬间就会烟消云散；给他一个香吻，他紧绷的脸立马如花般绽放。家里不是立法院，不用长篇大论讲道理，更不需要争得面红耳赤，只要你懂得欣赏、撒娇和体贴，就能享受到家庭幸福。聪明女人，何乐而不为呢？

会撒娇的老婆，肯定温柔。男人们谈起女人的性格，有讨厌生猛的，有讨厌邋遢的，有讨厌算计的，有讨厌拖拉的，但没有讨厌温柔的。男人驰骋职场累了一天，下班回到家，老婆给你拿来拖鞋，端来一杯水，让你坐在沙发上，然后用她柔软的小手给你敲背、捶腿……这种温柔谁能拒绝？肯对你撒娇的老婆，前提一定是懂你、欣赏你、体贴你，和你心心相印，对你有安全感。每当她像猫一样钻进你的怀里："老公，给我讲个故事吧！"一种成就感立刻油然而生，男人的豪情瞬间让你自信满满。

会撒娇的老婆，支使起男人来，易如反掌："老公，帮我拎着包吧，你看人家的小手，都勒出红印来了。"男会立刻接过她手中的大包小包。所以大街上手拎女式坤包的年轻男子比比皆是，旁边总有一个空着手的靓丽

女人款款随行。一样的话,通过不一样的方式说出来,结果截然不同。女人一句"老公,我累了,你去做饭吧,求求你了",那位被支使的男人即使再累,也会屁颠儿屁颠儿跑进厨房。会撒娇的老婆,让男人身上有使不完的劲。如果女人直眉竖眼冲男人一通大喊:"赶紧去做饭,我也一样上班,凭什么伺候你!"两口子肯定干起来。

撒娇,不仅使女人更可爱,而且还能轻易化解生活中的矛盾。两口子过日子,难免磕磕碰碰。母老虎似的老婆,可能会和你针尖对麦芒,死磕到底;难缠的老婆,不依不饶,热战完了冷战,把矛盾无限扩大,家中永无宁日。会撒娇的老婆则不然,战斗刚一结束,立马往你身上一靠,小嘴一噘:"我生气了!人家是女的嘛,你干嘛要和我吵架,你得向我道歉!"老公立刻举双手投降,刚才有天大的理由此时也乖乖认输。两口子之间,能有什么大不了的事!**家,本来就不是讲理的地方嘛,给对方一个台阶,再给自己一个台阶,什么都过去了。撒娇,是软化矛盾的"原子弹",无坚不摧!**

撒娇具有双向性,只有理解撒娇,包容甚至纵容老婆撒娇的男人才有这种福气!

❀ 好男人都是女人撒娇给"逼"出来的

向自己的男人撒娇,是女人的专利。**别以为自己多坚强,别以为自己多能干,男人都希望自己的女人小鸟依人,而他们是顶天立地遮风挡雨的大树。其实他们很虚荣也很脆弱,几句甜言蜜语就能把他们打倒。好男人是夸出来的,好男人都是女人撒娇给"逼"出来的。**

会撒娇的女人是聪明的女人,因为撒娇也需要很高的技巧。比如你想要一枚钻戒,你不能说:谁谁的老公给她买了一个多少克拉的钻戒!你

30几岁的女人美丽箴言

看看人家！如果你这样说，没准他会说："他比我好，你跟他过去呀！"

会撒娇的女人都是拣男人爱听的说，如果你想要个钻戒，你可以说："老公，你这么出色，可我每次和你出去应酬都没有一个拿得出手的戒指。如果我戴一个钻戒，你一定会显得更有面子！当然，如果我们不太宽裕，可以先要一个小克拉的，可以吗，亲爱的？我想你会答应的，因为你肯定舍不得让我的手指头光着 。"听了这样一番话，如果你是男人，一定会倾其所有，满足她的愿意。不要低估男人的虚荣心啊，你可以撒着娇就把他拍得舒舒服服："老公啊，我知道你是最棒的，看，你在公司这次竞选成功就是一个有力的证明啊，我太崇拜你了。"这以后，男人自然会更加发奋。

女友月的老公就是被她"夸"到老总的。她的老公开始不过是一个卖手机的营业员，但她每一次看到他升职就会惊呼，然后做甜蜜状说："天啊，我太欣赏你了，你太让我崇拜了，你太能干了！"现在她老公做到了副总。月的老公说没有月的崇拜和鼓励，我就没有今天。那些没老婆夸的、和他一起卖手机的男人如今还在卖手机。

女友丽天天抱怨自己的男人是个废物。她很能干，自己开了一个汽车俱乐部，每天到家就骂老公，几年之后，她离婚了，老公和小保姆混到了一起。她至今也想不通小保姆哪里比她强，老公告诉她说："男人是需要哄的，是需要被欣赏和崇拜的！而你一直在打击我，我宁可让小保姆崇拜我，让她在我怀里撒娇，也不会要你这只母老虎。"

丽离婚后，十分痛苦，她终于明白，什么对女人最重要。她太能干了，在公司里习惯了指手画脚，还把这个习惯带回了家，忘记了妻子的身份。结果，落了一个"女强人"的绰号却失去了家庭。这个绰号一戴上，就甭指着男人去爱你了，哪个男人愿意成天被老婆指着鼻子骂？

所以，要想让男人喜欢，别忘了时不时撒撒娇、发发嗲，即使不会，装，会不会？**每当他有了一点成绩，一定要用最崇拜的语气肯定他，虽然有时候看起来有点假，可那是女人责任与义务。别不好意思撒娇吧，因为，要修炼成一个好女人，就要学会撒娇，因为，那是在给男人鼓掌，男人都希望被鼓励！**

·平凡婚姻里的点滴感动·

🌺 婚姻的维系只需要一点小小的感动

　　结婚多年，原来的爱之激情渐渐淡去，婚姻生活就容易归于平淡。婚姻可以没有悬念，但没有惊喜的婚姻生活就如同一潭永远波澜不兴的水，会慢慢干涸枯竭。**婚姻需要感动，而感动常常源于细节。**

　　曾经读到过一个故事：决定离婚的那天，他们走到街口，眼前一片混乱，原来是一辆拉建材的货车不慎翻倒，棱角分明的小石头散了一地。他看了一眼她的脚，然后一下子就将她抱了起来大步过街。"你穿着薄底凉鞋，别让小石子扎到你的脚。"放下她的时候，他挠着头，有些不好意思地说。她凝视着他，那一瞬间，有感动在心中缓缓流淌，有爱情在心中渐渐复苏！

　　婚姻如同一锅汤，越熬越浓，也越熬越淡。一个个结婚纪念日从身边滑过，却没人再有兴趣提起，直到这锅汤变成了白水，有人把它打翻了……但如果你随便撒上一些盐，再烹煮一番，那一切或许真的不同了——当她把房间特意收拾一番,当她在窗口挂了一串淡紫色的风铃,当她在桌上放了一瓶娇艳欲滴的花儿,你注意到房间有所改观吗?你是否及时表扬她的生活创意?当她烹制了新菜肴,强力推荐你品尝之后,即使它确实不太好吃,你也应该微笑着说:"真的很不错!"然后再轻轻地加一句:"稍微咸了点,下次一定会更好!"

当他疲倦地躺在床上时,你应该笑语盈盈:"忙了一天了,不容易吧!"而不是老责怪他不理睬你,不注意听你说那些琐碎的事情。当他旅游回来送你那条手链时,你应该笑着接受它,而不是抱怨色泽不协调、或责怪他乱花钱。男人们一向不会挑选这类东西,可那是他的一片真心!

婚姻里能够被感动的小细节有很多很多。婚姻的开始也许需要巨大的激情,需要膨胀满两个人的心房,而婚姻的维系却只需要一点点小小的感动。我们会因为对方一个小小的宠爱而投降,会因为对方的一份小小的体贴而感到幸福。

✿ 幸福的夫妻会随时被琐碎而细小的事情感动

山姆在深爱的妻子玛吉病逝后,为了躲避痛苦的回忆,也为了远离好心人的安慰和婚姻介绍,带着8岁的儿子乔纳离开芝加哥,到西雅图去过一种新的生活。可是陌生的城市并没有减轻山姆的心痛,每个夜晚他都回忆着玛吉的点点滴滴而无法入睡。直到一个晚上,懂事的儿子乔纳连接上了电台情感热线,在主持人的耐心劝导下,山姆讲述了曾经的美好爱情。他的深情感动了收音机旁刚刚订婚的女记者安妮和她的同事们。安妮与未婚夫沃尔特的相同点太多了,不但下车、关车门的时间节奏一样,甚至想买瓷器的数量也相同,简直就像是一个人。这也给安妮带来新的困惑,生活应该是这样完全没有变化的吗?出于记者的好奇心,也是出于对情感更深的认识，安妮偷偷到西雅图寻找山姆，幻想着情人节当天，能和山姆在纽约帝国大厦顶楼上再次见面。经历了种种的误会与思想挣扎后，她最终放弃了和沃尔特的婚约，情人节那天，和山姆父子在帝国大厦楼顶上牵手。这个名为《西雅图夜未眠》的故事曾被无数女人奉为爱情经典，梦想着有一天也能与自己的山姆站在帝国大厦的顶楼看着爱之灯一盏盏点亮。

夫妻需要有共同的思想观点、生活习性，甚至门当户对，但是这只是婚姻最基本的条件——任何男女只要不互相排斥，都可以有这样的生活。试想夫妻每天按时上班、下班、吃饭、睡觉，以相同的节奏做相同的事，俩人没有矛盾，也没有激情，会感觉到幸福吗？安妮最终与未婚夫沃尔特分手，原因就是两人生活太一致，以至于一生都可以被准确地预测出来，这显然不是婚姻的初衷。**安妮意识到了这一点，幸福的夫妻应该是随时被琐碎、细小的事情所感动，这也是山姆回忆与玛吉的爱情时特别强调的。**山姆之所以选择了安妮，是因为他在机场被安妮感动了。这不是年轻人的一见钟情，而是一个深深理解了爱的真谛的人做出的选择。

❀ 不善言辞的爱，同样令人动容

儿子天天骑自行车上学，偶尔和他一起出去，并肩前行，我总是习惯让他骑车走右侧，靠近马路牙子。一天，孩子好奇地问："妈妈，为什么总让我在右边呢？"我不假思索脱口而出："因为你爸爸总让妈妈在右边。""为什么爸爸总让你靠右边？"孩子不依不饶，刨根问底。是啊，为什么呢？我从来没考虑过，只记得，只要我们出去，无论是步行还是骑自行车，他都要我在右边，有时我"越位"了，他还纠正过来，并开玩笑说：习惯你在右边，男左女右嘛！忽然一个想法闪过了我的脑海：右边靠近人行道，安全一些，

30 几岁的女人美丽箴言

左边靠近快车道,相对危险一些。有了这个想法,不禁怦然心动:他是在用这种不为人注意的方式保护着我,而我却一无所知。意识到了这一点,我一下子被这种无言的爱所感动,眼睛潮湿了。

回想共同走过的日子,其实,在不经意间他给过我很多感动,我却很少觉察,有时甚至埋怨他不解风情。我告诉他,我的自行车坏了,走了半个多小时才到家。我以为他会说,累了? 好好歇歇吧! 可他却说,只知用,不知保养,车子跟你是遭罪了。我生气,觉得他不关心我。第二天,我发现他留下的车钥匙,车子不知道什么时候已经修好了。我告诉他,有白头发了,还爱掉发。我以为他会说,你的头发还是很好的,看不出来! 可他却说,都快40岁的人了,还想没有白头发? 高兴吧,有白头发也比没头发强! 我生气,觉得他不爱惜我。可一有时间,他就扫净地板上的头发,为我剪掉白发,不让我触景伤情。我告诉他,今晚值班,回来晚,你先睡吧。我以为他会说,我等你一起睡。可他却说,你以为我会等你吗? 我生气,觉得他不重视我。可每次回来,门灯都亮着,他正蜷在沙发上一脸的疲倦……虽然,他从来不说我爱你,却用无声的行动实践着这句承诺,那不善言辞的爱,同样令人动容。

我明白了,不经意间,我忽略了他的爱,也少有感动。原来,他是爱我的,只不过是不善于表达。法国人凯恩斯说:"真正的爱是夜的花香,是黑暗中的宝石,是医生听到的第一声心跳。它是寻常的奇迹,是用柔软的白云织成而撒在夜空的满天星斗。"**是啊,爱,不需要口头的表达,因为爱已经融化了,分散到点点滴滴的关怀中,分散到细微的感动中。**

在婚姻里,我们所要做的只是:用心发现,用心感动,用心去爱。

调教老公，做"闲妻晾母"

学会和自己的老公"斗智斗勇"

想拥有一个拿得出手、带得出去的好老公吗？想让自己的婚姻生活过得多姿多彩吗？别忘了，要学会和自己的老公"斗智斗勇"。

两个人过日子，难免因为生活习惯的不同而磕磕碰碰。于是夫妻双方往往迫不及待地想要去改变对方，以适应自己的生活方式。但遗憾的是，双方为了改造另一方而使出浑身解数筋疲力尽时，收到的效果往往微乎其微。**是的，我们都需要对方做出一些小小的改变，让我们的生活更加和谐，但是，在改变对方的时候我们却需要一点小小的技巧和智慧。**

曾经看过一篇《结婚宣言》，新婚夫妇把未来的事情列表分配：你倒垃圾我遛狗、你刷锅碗我割草……虽是笔墨游戏，但是可以看出婚姻中许多小事需要两个人好好协调。

为什么有些女人觉得婚后丈夫不像热恋时那么爱她了？这是因为有些男人不知道婚姻生活的厉害，婚前爱人要求他做什么他都一口答应，婚后才发现那些"小事"真会烦死人。而且大部分男人还是会有一点点封建思想，认定结婚后家务事就应该是太太来做的。

"爱"这个字在婚后表现的方法，与婚前不一样，不再是华而不实的红玫瑰和甜言蜜语，而是真真切切的锅碗瓢盆柴米油盐。

我相信纸上的"结婚宣言"不会真的有约束力，谁也不会照着一张纸上写的一成不变地过日子，所以女人要学会调教自己的老公，唯一的技巧只有爱——用你诚心的赞美、真挚的感激，诱导丈夫学习体贴、学习协助、学习支持。别为了表示爱他，总是心太软，把什么事情都自己扛。一个被惯坏了的丈夫，不会真正学会如何体贴你。

🔥 适当地懒一下，表现得柔弱一些，男人就会担起责任的

邻居燕子是个能干的女人，里里外外一把手。可嫁个老公却好吃懒做，没事还总爱打个牌，找人喝个闲酒啥的。燕子一个人既要照看孩子，还要照顾生意，总觉得时间不够用。可她老公倒好，时间好像总也用不完，常常半夜喝得醉熏熏地回家。燕子心里很烦恼。

但燕子依然忙她的生意、忙孩子、忙家务，她老公依旧恶习不改。刚结婚的时候，燕子还对她老公还抱有希望，想着老公在工作上能有所成绩。可是几年过去了，丈夫就知道喝！喝！还说这年头不喝怎么能成大气？眼看着别人的老公都小有成就，可她这该死的老公就是不上进。燕子也同他理论过几回，可她那老公还是个牛脾气，听不进去话。燕子很失望，有心想离婚，可一看到孩子，又于心不忍了。

一次燕子又来向我诉苦了："你命真好，老公知道顾家不说，还能赚钱，我那老公倒好，我赚钱养家，他倒落个轻闲。唉！这日子真没法过了，若不是看在孩子的分儿上，我真想一走了之。当初真是瞎了眼了，怎么找了个他这样的？"

我说："不如想个办法教训教训你那老公吧，不然他不知道改呀。"

"怎么教训啊？我们都吵了多少架了，他还不是老样子……"燕子一脸的茫然。

我就把我的想法说给她，女人不能太能干，适当地懒一下，表现得柔弱一些，男人会担起责任的。燕子一听，有些不信，可后来想想，决定一试，没办法啊，死马当活马医吧。

没过几天，燕子就把生意转手不干了，在家过起了轻闲日子。里里外外啥事都交给她老公，反正是让吃就吃，不让吃就饿着。她老公可真有点着急了。燕子有些于心不忍，我告诉燕子要沉住气，不然她老公的能力怎么能发挥呢。于是燕子没事就和我一起逛街，要么就去找同学聊天。她老公急得跳墙她也不管。老公没办法，开始抱怨这日子过起来真难啊。燕子仍旧不理他，任他怎么闹，都让他自己想办法去，让他体会体会生活的难处。渐渐地，她老公不去打牌了，输了钱心疼，自己得养家啊；酒也喝得少了，他开始意识到喝酒多了没好处。他一下了班，就赶紧往家跑，回家要给孩子做饭，不管没人管啊……

再往后，燕子见了我就直夸她那老公，上进了，不喝酒了，不打牌了，也顾家了，知道挣钱辛苦了，知道体贴人了。燕子也彻底轻闲了，把自己打扮得漂漂亮亮，年轻了许多。

男人啊，就该这样调教！"女人不能一手遮天，要给男人发展的空间。"这是燕子后来常说的话。

❀ 做个"闲妻晾母"吧

家务活是女人的，也是男人的，如何让他心甘情愿去做，做得又多又好，应该成为女人的必备知识。如果你掌握了以下几点，恭喜，你就可以做个"闲妻晾母"了！

一、潜移默化，从思想意识开始改变他

好老公是要慢慢培养的，从一开始就要树立他的家庭观念，让他明

白——好男人就是要做家务的。比如经常带他去那些模范丈夫类型的朋友家里做客，让他亲眼目睹男人做家务有多么的潇洒和帅气；还要经常给他洗脑，告诉他现在流行的就是居家型好男人；更可以将家务活上升到某一高度，告诉他"一屋不扫，何以扫天下"。

在这些潜移默化的影响下，他肯定会将家务作为分内事。

二、恩威并施，用条条框框束缚他

从结婚开始，甚至恋爱时就要让他明白，老婆是用来心疼的、宠爱的，爱老婆就要爱做家务！

经常性地提醒他，"你不是爱我爱家吗？那做点家务算什么呢！"为了避免他以后赖账，别忘了在婚礼上请主婚人这样问他一句："你愿意娶她为妻，并主动承担家务活吗？"嘿嘿，众目睽睽之下他难道会说不么？

三、巧言令色，以休息为由"逼"他

男人是大孩子，把他哄高兴了他就会乐意做一切。比如周末他已经玩了一天电脑，你可以上前按着他的肩膀说："颈椎酸了吧，整天对着电脑可不好，快起来活动一下，仰仰头，伸伸胳膊。顺手把桌子和书橱上的灰擦擦吧。"这样温馨的关怀，他还会不照着做吗？

四、撒娇示弱，用男人的责任感"命令"他

你如果一直任劳任怨，默默地收拾一切，男人是不会看到的，更别说体会你的辛苦，久而久之，家务就会变成你的"专利"了，所以有的时候，你得学着把家务转嫁给他。比如："老公，我这几天身体不舒服，不能碰凉水，那几件衣服你帮我洗一下好吗？"你说他还好意思不去洗么？对于那种超级懒的男人，更可以使用苦肉计。比如你拿着拖把拖地，结果突然间哎哟一声腰闪了，他赶紧叫你去休息不要再拖，你便着急地说："那怎么行，一个星期没拖了，怎么着也要拖完了……"估计没等你说完这话，他就抢过

拖把拖地去了。

女人结婚后会慢慢发现，纵使你有七十二般变化，也应对不了繁琐的家事，这时你才知道一个有体贴支持你的丈夫有多重要，他是你对婚姻维持信心和兴趣的最大原动力。

·驶出柴米油盐的海洋·

🪷 不要让男人大呼：婚姻磨灭了老婆对我的吸引力

记得看过一则短文，说女人有两个版本——精装版和平装版。

精装版的女人在人前衣着光鲜、妆容精致、谈吐优雅，回到家就成了平装版，嘴里说着柴米油盐，心里念着家务琐事，身上穿着随意，脸孔素面朝天。

我相信这样的现象是普遍存在的，谁可以想象一个眼影口红粉底一应俱全，套装丝袜高跟鞋一样不少的女人，在满布油烟的厨房择菜做饭，在处处凌乱不堪的房间洗衣擦地？哪个女人能终日打扮得如初恋时的模样与老公撒娇发嗲？或者拿出外交言辞每天与老公谈天论地？那种生活场面不能称作恐怖，也至少该算滑稽！

于是乎，许多男人眼睛里盯着其他精装版的女人，心里嫌弃着平装版的老婆。

所以，30 几岁的女人们，男人不会因为你善于经营柴米油盐的生活，就会对你爱不释手，当他们看到你被油烟熏黄的脸时，只会喊出那句话：婚姻磨灭了老婆对我的吸引力！

🏵 学会寻找柴米油盐之外的乐趣

对于大多数家庭来说，柴米油盐仍然是家庭中的重要元素，仍然是大多数女人需要掌管的大业，而且在碰到事业和家庭难以兼顾时，很多人仍然选择放弃事业。

但是，一个成熟的女人在这种无奈中，不会让柴米油盐的琐事把自己淹没，她们知道如果不在这些琐事外寻找一些超越它们的东西，寻找柴米油盐之外的乐趣，日久则一定信心全失，变成一个闭塞、琐碎、无知、无趣的女人。这也是为什么常常有很多标准的贤妻良母，把丈夫伺候得无微不至，却毫无道理地惨遭"离婚之痛"的原因之一吧。

只有柴米油盐琐事的生活，就是买买菜、做做饭、逛逛街、睡睡觉、打打牌、看看不用动脑筋的言情小说，一天天、一月月、一年年，等你发现"世界"变得如此之快，而你已经跟不上时代的变化而显得愚昧无知时，一切都晚了。

2090 年代末期的电视剧《牵手》之所以引起了广大观众的共鸣，就在于它能够直面现代都市人的情感世界。夏晓雪本是一位很有发展前途的知识女性，婚后为丈夫而放弃了事业，把精力全放在了家庭和儿子身上，将自己完全淹没在柴米油盐的琐碎生活中，她希望自己的付出能得到丈夫更多的关爱和体贴。而丈夫钟锐却认为妻子越来越俗气，与结婚前的夏小雪判若两人。由于差距越来越大，而且缺少沟通，两人的婚姻产生了危机。

这不就是一个最好的佐证吗？

🌸 婚姻并不只是柴米油盐

当你穿着洁白的婚纱，挽着爱人的手从红地毯的这一端慢慢地走向另一端，我知道用一个词语来描绘你此时的心情最合适不过，那就是：幸福；而当你为人妇、为人母后，每天在单位劳累了一天，回家还要面对柴米油盐、洗衣、带孩子等一系列问题的时候，你心中是否不免会有些失望而暗自慨叹：为什么结婚就是这个样子？

从那时起你开始怀疑：难道婚姻就只能是这样循规蹈矩、千篇一律地演绎下去？难道婚姻就是柴米油盐酱醋茶这么单调乏味？难道结了婚的女人就要被这无形的枷锁捆绑一生，不能再去追求自己的理想和事业……

不，当然不是。因为，婚姻并不只是柴米油盐。

静和老公结婚到现在，虽然有的时候也会感到很辛苦，但他们大多数时间还是被幸福所包围着，他们没有因为每天必须要面对柴米油盐而感到困惑，更不会因为这些琐碎的家务而吵架，他们把这些看做是一种乐趣，在说笑与聊天手里的活不知不觉已经干完。他们比恋爱时更恩爱，更懂得什么是生活，更懂得珍惜这来之不易的感情，并且全心地去呵护对方。

他们有各自的工作，尽管辛勤工作了一天也很疲劳，但他们会在这劳累之中寻找有效的解除方法而不是互相推脱责任。

他们会把恋爱时浪漫与温馨的点滴，汇集成涓涓细流，时常去浇灌婚后盛开的花朵，给单调的生活注入青春的活力；他们会把花前月下的温柔与甜蜜写入属于他们两个人的日记，让紧张了一天的神经在这月明风清的夜晚渐渐放松……

他们的理想很远大，所以他们工作很努力，但他们没有因此而忽略自己的生活，反而努力让生活更加有滋有味。他们会在假日放松自己，一起去逛街，买他们喜欢的东西；他们去踏青，感受春天的气息；他们也上网聊天,寻找他们各自和共同的朋友;有时心血来潮,他们还会去吃一顿烛光晚餐,在朦胧的烛光下让心与心无声地交流,追忆初恋时的美好时光……

他们结婚很长时间了,但他们活得很快乐、很轻松。他们需要与柴米油盐打交道,但他们不会为了这些而放弃他们自己的追求;他们每天也各自忙碌自己的工作,但他们会一起享受人生的惬意,共同品味人生的酸甜苦辣;他们心甘情愿地走进这座围城,并且在城里活得更精彩,因为在他们心里,婚姻是不同于恋爱的另一道美丽的风景线。

他们不怕生活的负担与重荷,他们向往有挑战与刺激的生活,他们不会因为婚姻的单调就轻易地放弃自己的追求,因为他们认为,婚姻不只是柴米油盐。

静是一个在婚姻中的最幸福女人!

别把自己淹没在柴米油盐中,在生活里寻找一点挑战,努力追求几样需要用点脑筋、需要一点压力才能得到的东西,那么就算是放弃职业,也不等于是放弃努力、放弃人生。

·唠叨是最高明的杀人招式·

唠叨会产生超限效应

最近,我一位中学时代的男同学想与妻子离婚,电话中,我问他怎么这么快就受不了婚姻的束缚了?去年五一结婚到现在,才整整一年。他说是他实在受不了妻子的唠叨,而婚前并没有发现她这么唠叨。**有时候,男人可以容忍女人的不贞,但却无法容忍女人的唠叨。让一个好丈夫和**

一个喜欢唠叨的妻子生活在一起，比让老翁爬上沙丘还困难。

有一个很有意思的故事，是来自美国著名作家马克·吐温的。有一次，马克·吐温到教堂听牧师演讲，最初，他觉得牧师讲得很好，令人感动，他准备捐出自己身上所有的钱。过了 10 分钟，牧师还没讲完，他有些不耐烦了，决定只捐一些零钱。又过了 10 分钟，牧师仍然没有讲完，于是他决定一分钱都不捐了。到牧师终于结束了漫长的演讲，开始募捐时，马克·吐温不仅没有捐钱，还从盘子里偷了 2 美元。唠叨会产生超限效应，这就是这个故事告诉我们的。

超限效应表明，同一刺激对人作用的时间过长、频率太高，反而会使人产生极不厌烦的心理。

🔥 老婆对丈夫的唠叨是最高明的杀人招式

老婆对丈夫的唠叨，就像滴水穿石，是最高明的杀人招式。

男人的婚姻生活能不能幸福，关键就在于他太太的脾气和性情。就算一个女人拥有全天下的所有美德，然而，如果她脾气暴躁，一点小事就喜欢唠叨不休，喜欢挑剔和个性孤僻，那么她所有的其他美德全都等于零，甚至变成负数了。

许多男人失去冲劲，甚至放弃了奋斗的机会，就是因为他太太总是对他的每一个希望和心愿猛泼冷水，她永无休止地挑剔，不停地想要知道为什么丈夫不能像她所认识的某个男人那样有许多的钱，或者为什么写不出一本畅销书，或谋不到一个好职位，像这样的太太，只会使丈夫丧气。唠叨和挑剔带给家庭的不幸，甚至比奢侈和浪费还要厉害。

美国有一位著名的心理学家，对 1500 多对夫妇进行了详细的调查研究，结果显示，丈夫们都把唠叨、挑剔列为他们太太最大的缺点。**盖洛普民**

意测验也得出了相同的结论：男人们都把唠叨、挑剔列为女性缺点的第一位。测验中也发现，再没有其他的个性会像唠叨和挑剔那样，给家庭生活带来这么大的伤害。

一位老朋友告诉我，他太太总是以轻视和嘲笑的眼神来看待他所做过的每一件工作，他的事业几乎要毁在他太太的手里。刚开始的时候，他是一位推销员，他喜欢自己推销的产品，并且很热心地向人们推销这些东西。当他晚上回到家的时候，本来很希望得到太太的一些鼓励，但是他太太却用这些话来迎接他："你好啊，我们的大天才，今天的生意不错吧？你带回来不少佣金吧？还是只带回来业务部经理的一番训话？我想你一定知道，下个星期我们又要付房租了！"

这种情况接连持续了好几年。虽然不时受到太太的嘲笑，这位朋友还是坚持努力奋斗。现在，他已经在一家全国著名的公司担任执行副总裁的职务了。至于他那位太太呢？他早就和她离婚了，又娶了一位年轻而且能够给他爱心和支持的女孩，而这正是他第一任妻子所不能给他的。

事实上，他的第一任太太丝毫没有意识到自己为什么会失去丈夫。"我省吃俭用，为他做牛做马，吃了这么多年的苦以后，"她告诉她的朋友，"结果，当他飞黄腾达，他就离开我，去找比我更年轻的女人。想不到他竟然会是这样的人！"

如果有人告诉她，使她丈夫离开她的并不是另外一个女人，而是她自己的唠叨和挑剔，想必她一定不会相信的。但这的确是他离开她的真正原因。

因为，她以一种轻视的方式来唠叨和挑剔他，而这对于男人的自信心无疑是一种长期的虐待和折磨，**对于男性的自尊而言，再也没有比唠叨更可怕的折磨了。**

很多婚姻专家建议,在夫妇生活中,应当特别警惕一些对夫妇关系破坏性最大的因素,其中,最主要的是关于唠叨的问题。

托尔斯泰伯爵的夫人也发现了这一点——可是太晚了。在她逝世之前,她向几个女儿们承认:"是我害死了你们的父亲。"她的女儿们知道她的母亲说的不错,她们知道是她不断地埋怨、永远没完的批评和永不停止的唠叨,把父亲害死的。

从各个方面来说,托尔斯泰伯爵和夫人应该是幸福的一对。

两本巨著《战争与和平》和《安娜·卡列尼娜》奠定了托尔斯泰在世界文学史上的地位。

托尔斯泰真是太出名了,崇拜他的人日夜跟随着他,把他所说的每一个字都速记下来。包括"我想我要上床睡觉了",等等诸如此类的话。

除名声以外,托尔斯泰和他的夫人还有财富、社会地位、小孩。他们的幸福似乎是太完美了、太甜蜜了,一定会白头偕老。因此,两个人跪在一起,祈祷全能的上帝,永远不断地把幸福赐给他们。

然而随着年龄的增长,托尔斯泰开始慢慢改变,变成一个完全不同的人。他对自己所写的巨著感到羞耻,并从那个时候开始,投入全部身心开始写些用于宣传和平,以及废除战争和贫穷的小册子。

托尔斯泰承认,在他年轻的时候,犯过每一件可以想象出的罪恶——甚至包括谋杀,他试着完全遵循耶稣所说的话,把自己的产业送给别人,过穷苦的生活。自己在田地上工作,砍柴叉草、自己做鞋、扫地、用木碗吃饭,以及试着去爱他的敌人。

而他的妻子却让他的一生成为了一场悲剧。他的夫人喜爱华丽,热爱名声和社会名誉,但这些虚浮的事情,对他却毫无意义。她渴望金钱财富,但他却认为财富和私人财产是罪恶的事。

多年以来,由于他坚持把著作的版权费一分不留地送给别人,她就一直唠叨着、责骂着和哭闹着,非要拿回那些钱。

当他不理会她的时候,她就歇斯底里起来,在地上打滚,手上拿着一瓶鸦片,发誓要自杀,还威胁说要跳井。

终于,当托尔斯泰82岁时,他再也不能忍受这个家了,于是在1910年10月的一个下着大雪的夜里,逃离了他的夫人——逃离她无休无止的唠叨。

11天以后,他因肺炎死在一处小火车站里。他临死前的要求是,不许她来到他的身边。这就是托尔斯泰伯爵夫人唠叨、抱怨和歇斯底里所得到的结果。

🌸 学会一件事至多只说一次

应该说女人唠叨是一种天性,有其生理和心理的基础,但是也并不尽然,因为相当多的女人终生都能保持安静的性格。那么,爱唠叨的女性怎样才能改变自己这种习惯呢?

首先,要有意识地控制自己的语速和说话的总量,尽量不要重复说一件事,坚持一件事至多只说一次的原则。

其次,如果实在有唠叨的冲动,试着把要唠叨的内容写出来而不是说出来。

另外,女人们应该扩大自己的心理空间,发展完善自己的人格,避免将注意力过度集中在丈夫身上。

坚持一段时间,你就一定会有所改变,也许你会惊喜地发现自己温柔安静了许多,孩子和丈夫也会越来越爱亲近自己。

·不做任何人的情人·

永远不要对下一个男人抱有更大的期望

想当初，两个人手牵手兴冲冲地从爱情单行道上疾驶进婚姻的围城时，哪个不是信心满满地想要能够白头到老，为什么柴米油盐几年后，黄花菜就真的凉了。直到相看两厌或相看两倦，终于出门寻找新的目标去了。每当这时候不知当事人是否想过，为什么当初那个怎么看怎么可爱的人如今怎么看怎么腻歪？

当冷漠和疏远已经形成，先从自己身上找找原因，别老盯着对方的毛病，任何时候、任何事件，都是一个巴掌拍不响。有一点永远要记住，女人永远不要对下一个男人抱有更大的期望，天下乌鸦一般黑，天下男人一个样。**当你满怀希望地奔出家门时，始乱终弃的结局早在那儿候着呢，等你像个拖把似的被人甩到一边时，再回头来围城里找温暖时，往往围城里的黄花菜也早就凉了。**

所以，30 几岁的女人，不要做任何人的情人。

看过许多人在感情的漩涡中痛苦挣扎，不管是爱着的，还是被爱的。人都是善良的，所以从本质上不想伤害别人，但事情的发展往往不遂人愿，往往你越不想伤害的，到最后还是伤害最深的，甚至连自己也无法幸免。

🌹 到最后受伤害的还是女人

婚外情、离婚在今天已经是再平常不过的事了。但是，与男人可以朝三暮四、朝秦暮楚不同，女人玩不起感情游戏，几千年来男权社会形成的道德伦理标准决定了在几乎所有的婚外情及离婚中，受伤害最深的都是女人。

在名著《安娜·卡列尼娜》中，当安娜邂逅了风流倜傥的伯爵渥伦斯基时，他的热情唤醒了安娜沉睡已久的爱情，二人在当时强大的社会舆论压力下，不顾一切地私奔。安娜感到很幸福，但是她却必须以失去名誉和儿子为代价。他们后来返回彼得堡，遭到冷遇，旧日的朋友拒绝和安娜来往，使她感到羞辱和痛苦。渥伦斯基被重新踏入社交界的欲望和舆论的压力所压倒，与安娜分居，尽量避免与她单独见面，这使安娜很难过，她责问道："我们还相爱不相爱？"

渥伦斯基对安娜越来越冷淡了，他常常上俱乐部去，把安娜一个人扔在家里，安娜要求渥伦斯基说明心意，即使他已不再爱她，也请他老实说出来，这使渥伦斯基大为恼火。

安娜痛苦极了，在这段婚外情中，她付出了失去家庭、儿子和社会地位的昂贵代价，而她所认为的美好爱情现在也变得冷淡如霜。回想起这段生活，她明白了自己是一个被侮辱、被抛弃的人，在渥伦斯基又一次远离之后，她决心"不让你折磨我了"，最终选择了放弃。她身着一袭黑天鹅绒长裙，在火车站的铁轨前，让呼啸而过的火车结束了自己无望的爱情和生命。

❀ 扎紧爱情的"篱笆"，不让第三者有机可乘

"白头偕老"是所有走进婚姻围城之人的理想归宿，但有一些夫妻却总是因移情别恋而劳燕分飞。虽说追求美好生活是每个人的权利，但事与愿违的是，往往这些人并没有找到她所认同的幸福，反而还会陷入更大的痛苦中。

38 岁的程琳和先生结婚 8 年了。当年，先生用才华、能力和毅力击败了无数对手才赢得了她的好感。可时间长了，程琳发现在先生眼里，"位置"和"金钱"比"老婆"重要得多。慢慢地，他们之间的交流越来越少。

一次校友小型聚会中，程琳遇到了以前的追求者林，当年其貌不扬的他如今已是一家公司的负责人，林开玩笑说当年他也是追求程琳的人之一。后来，当林得知程琳的先生并不珍惜程琳这颗来之不易的"珍珠"时，林的感叹和愤怒让程琳委屈的泪水尽情地流了个够。他们的感情闪电般地燃烧起来，他把男人的魅力展示得淋漓尽致，让程琳如痴如醉。

一年后，程琳离异了，也催促林尽快行动，与妻子离婚。但他说女儿特别黏他，得慢慢来。程琳理解他的难处，也就不再催促，原来那个心高气傲的程琳做了他的地下情人。前不久程琳向他倾诉，希望他能尽快有个结果，这种偷偷摸摸的日子并不是她的初衷，他却向程琳摊牌，说无法从那个家走出来……

珍珍的前夫是个传统、古板的人，常常拿"夫妻就是好好过日子"的话来自圆其说，珍珍却对这种死水般的生活感到窒息。

很偶然地，珍珍认识了刚，他们认为彼此有着同样的共识和痛苦。冲破了重重阻力，他们终于各自离异走到了一起，可同居的半年里，珍珍发现现在的生活竟和原来惊人的相似，而且还平添了很多烦恼，比如，刚的钱不会

交给她统一管理，要留给前妻和儿子，珍珍呢，节假日心里想的也全是女儿。最可怕的是，刚现在总是神神秘秘地打一些电话，有时候还回来得很晚，珍珍几次旁敲侧击提醒他，他居然理直气壮地说，你不也是第三者吗？有什么资格教训我！一句话说得珍珍哑口无言……

女性大多把爱情当做人生的主旋律，她们只有在对情人"动心"的前提下才会尝试婚外恋，并非常容易轻信心上人的承诺，痴迷地投入自己的全部精力，甚至整个事业前程。但是，婚外恋的爱像吸烟一样，短暂的快乐中隐藏着无尽的伤害。吸烟时，香烟的毒素多被过滤到了后半部分，明智的男人只吸前半截烟，享受烟雾乍入口中时所带来的新鲜与刺激，等香烟燃烧过半，接下来再吸就有害无益了。所以喜新厌旧是大多数男人的通病。而女人则不同，她们看重的是结果，追求的是天长地久，所以，有时明知前面是深渊也硬着头皮往下跳。

有些女人还走入了一个误区，总把自己的另一半作为攀比的工具，拿老公的弱项与别人的强项比，比得自己心灰意冷，时间一长，就会产生怨恨心理，如有可能，就会去寻找新的机会。就像古希腊故事中那个想拾到最大麦穗的年轻人，因为他总觉得前面会有更大更饱满的麦穗，于是放弃了身边一个又一个的机会，结果却空手而归。夫妻关系一旦失去了应有的平衡，在适宜的条件下就有可能发生感情转移，比如夫妻性格不合，或性生活不和谐，给双方心理造成压抑，一旦处理不好，其中的一方可能就会在围城外寻觅知音和伙伴。

当围城外的诱惑来临时，女人千万不要迷茫，要学会思考，冷静对待，对自己"想要什么"和"能得到什么"要做出理性的判断。

要明白一个道理，不管对方是多么优秀的男人，你都要坚决拒绝，否则，最后吃亏的将是你自己。

要用心地对待婚姻，扎紧情感生活的"篱笆"，不让第三者有机可乘，要学会珍惜自己的另一半，夫妻生活出现缺憾后要及时地调整，而改善夫妻关系最有效的办法，是善于发现你另一半的优点和可爱之处。

·女人三十如狼·

🔥 在性爱里得到无上的快乐感觉

30 几岁的女人，大都已走入婚姻的殿堂，要知道，一个完整的婚姻，是应该包含着性爱在其中的。时常听到有人在问：世界上到底有没有无性的爱，"柏拉图"式的恋爱能够存在吗？我以为，爱情是以各种方式存在的，但完美的、走入婚姻的男女关系，应该是性与爱并存、灵与肉统一的。

爱与性的完美结合未必能成就一段婚姻，但一段完美的婚姻一定是爱与性的琴瑟和鸣，这也是婚姻的最高境界，或者说是爱与性的终极归宿。

其实，性爱这东西一般人是不会轻易拿出来讨论的，可是在夫妻生活中，这的确是十分重要的关键因素，健康的性爱观念绝对是亲密关系的良媒，但是如果性爱观念不健康，也一定会影响夫妻之间的正常关系。

人世间，最亲近的关系，莫过于夫妻。性生活是人的正常生理需要，对人体的健康和长寿有重要影响。列宁曾经说过："人类的生活包括三部分，即物质生活、精神生活和性生活。"正常的性生活是健康与长寿的基础，和谐完美的性爱是健康的动力。

女人和男人一样，也有享受性爱的权利。性生活的快乐功能使夫妻在和谐的性生活中得到快乐,满足生理与心理的需要,可以密切夫妻关系,沟通思想感情,消除意见隔阂,化解夫妻矛盾,保持家庭和睦。因为性爱是一种超过肉体感觉之上的,层次更高的心灵和感情上的享受,这种享受可使双方达到完全彻底的身心交流,所以,性生活的快乐是一种巨大的能量,能促使夫妻感情的不断加深。**和谐的性爱使双方都能同时达到性高潮,这会使人体验到一种欲仙欲死的感觉,这种感觉就像坐云霄飞车一样,飘在空中,然后急速下坠,你觉得心都要跳出来了,然后是一段较平缓的路程,你悬荡在空前的刺激和欢乐的气氛中,享受着极大的感官刺激,从头到脚通体舒畅,身心放松,得到无上的快乐感觉。这是一种神奇而美妙的快乐,有一种极大的幸福感、满足感。**

性生活的健康功能是指性生活能使夫妻双方的身心保持健康。据世界卫生组织专家称:"多年来,医学界忽视了爱情是防治疾病,保持长寿与健美的一个重要因素,这是非常令人遗憾的。"许多研究者认为:有无性生活是健康的标志之一,夫妻间性生活淡化往往是一个危险信号,不是身体有了疾病,就是心理上出现了问题。

🏵 婚姻不仅仅意味着责任、忠诚,还有享乐、高潮、风骚、狂野……

一次,朋友向我讲述了她和丈夫的性爱经历:

结婚 10 年,我才发现一个可怕的现实——我与先生彼此间的激情正在渐渐消退,几乎如左手摸右手:他不再对我冲动得语无伦次,曾经风卷残云的快感没有了;他不但忘记了情人节,而且不时带着醉意回家,手机也常常关闭……而我呢,也好不到哪里去,常耍脾气扔抱枕,成天购买衣服、化妆品,懒得刷牙就上床……于是乎,我俩由同床共枕到同床不同被,后来发展成分室而卧。

一天，丈夫突然问我："都说女人三十如狼，你怎么一点动静都没有？"我啐了他一口后自我表扬说："我才不学坏呢！"

夜深人静时，我仔细检讨夫妻走过的路，突然发现：丈夫一直单枪匹马地把持着我们的爱情与婚姻。是他第一次"偷袭"吻我，是他单膝跪地求婚，是他启动性爱"前戏"，是他一次又一次地问我："快乐吗？舒服吗？"……所有的一切，都是他主动、他摆平、他行动。尤其在性爱方面，我总是沉默如羔羊，等待享受他赋予我的柔情蜜意或者激情征服……会不会由于我太"良家妇女"了，他反而失去了战斗性？

为了激活平静如死水的婚姻，我决定改变自己。亡羊补牢也好，大器晚成也罢，最重要的是，我要学习"去爱"。

我开始用心琢磨丈夫的身体需求，也反思自己的身体需求。我突然悟到，抱是非常性感、非常美妙的身体语言，于是决定由抱入手。每天，我都主动抱丈夫一次。渐渐地，我还总结出一套"抱的体操"：触碰丈夫的裸肩；从背后以手腕绕住丈夫的颈部；把丈夫逼到墙边，把头埋在他的胸前；两手环抱丈夫的脖子，两人腹部紧贴；一只脚踩放在丈夫的脚上，另一只缠在他腰上，双手把他的头扳下来香吻；互相腿贴腿，轻摇上身，与丈夫深情对视……接下去该是解放十指了，于是我又学会了捏、抓、拧……后来，我还学会了咬，轻轻的、肤浅的，但很撩人。总之，动手动脚足以令人全身发烫，这样的"热身运动"不仅驱除了我内心的怯弱、冷感，还唤醒了我的每一寸肌肤。好像恋爱时牵手涉过溪流似的，我和丈夫都有点晕乎，陶醉如水的倒影中，虚幻摇晃。我们的爱如鱼得水。

我变"坏"了，丈夫却越变越好。砸碎了身上的枷锁，我成了性爱钥匙的收藏者，而丈夫则成了爱情的宝藏，取之不尽。被开发了的丈夫并不平淡，他的眼睛是千年古泉，他的唇是万丈深渊……

我开始变得极富情趣：穿豹纹内衣，扮凶猛动物；讲性爱故事，开场白很重要；抢过丈夫的烟，像女特务般吸它几口，对丈夫眨眼睛；把红玫瑰换成蓝色妖姬；喝红酒；坐在丈夫的大腿上，把头放在他的肩脖间；指甲留长，涂绿色指甲油；托着丈夫的下巴，端详，装酷；在木地板上完成性爱"前戏"；披头散发，留半壁河山；住宾馆时在门口挂"请勿打扰"的牌子；用英语做床上语言；用脚趾按电源开关……

在婚姻的后半夜，我和丈夫隆重登场。这些婚姻内的游戏、体操，又何尝不是爱情的加速器、微波炉？我们的感情在升温，我们的身心俱悦，我们的爱情不再脆弱。我和丈夫都把婚姻当做新的娱乐方式，在爱的范围内张扬个性、放纵情欲。是的，婚姻不仅仅意味着责任、忠诚，它还有另外的一些名字——享乐、高潮、风骚、狂野、灵肉合一……

她的故事告诉我们，性爱不光是男人的事，也是女人的事，有的时候，女人不能一味地认为性爱就应该男人主动，女人应该变被动为主动，在性爱中做个风情万种的女人，为你们的婚姻注入无限的生机和动力。

·你我之间最好的距离是多少·

🔥 至亲至疏夫妻

　　有人说，夫妻就像两只相互依靠彼此取暖的刺猬，远了，温暖不到对方；近了，会被对方身上的刺扎到。夫妻情感是一种很特别的感情，可以说既近不得，也远不得。形影不离固然亲密，却很容易使双方失去自我，也容易使夫妻在一起变成一种刻板的义务和责任而使双方感到累，但是距离过远则可能使双方失去夫妻之间的亲密感，在感情上留下漏洞。

夫妻感情之所以出现危机，与过分追求激情而忽视了相互之间的责任和亲密感有很大关系。两个人整天零距离接触，容易使婚姻陷入沉闷和压抑的气氛中。但如果换另外一种态度和做法，来个１８０度大转变，从一个极端走向另外一个极端，两个人各有各的圈子和生活内容，相互之间失去了牵挂和责任，爱情逐渐变得空洞，那婚姻出现问题就是或早或迟的事情了。

也记得曾经有人以放风筝来比喻婚姻中的伴侣距离，既形象，又有道理。如果风筝线太短，可以牢牢地拉住风筝但风筝肯定飞不起来，**如果线太长，风筝肯定可以飞得很高，但风力一大就容易断线，失去控制无法收回。**

"至近至远东西，至深至浅清溪。至高至明日月，至亲至疏夫妻。"这是唐朝女诗人李季兰的大作。这首诗看来平淡，几如白话，清浅易懂，所写景境亦是平日里常见。可读完最后一句，依然有让人触目惊心的感觉。"至亲至疏夫妻"，最亲近的是夫妻，最疏远的也是夫妻。是因为过分亲近反而疏远呢，还是因为疏远了，反而觉得亲近呢？相濡以沫的夫妻可以在转瞬间反目成仇，也难怪，夫妻是至亲却又是至远了。

❀ 太近了容易"追尾"甚至"翻车"，太远了又可能失控

夫妻间那个不近不远的距离究竟该如何掌握呢？两个人，曾经那么亲近，却可以一夜之间兵戎相见。如此微妙的爱恨转换，怎能不让人感慨良多？

"如果以超然的态度去观赏大海汹涌的波涛，就会觉得它非常的美；但是，如果置身于现实生活波涛的威胁中，那怎样也不会感到它的美了。"品味夫妻间的感情美，又何尝不是如此呢？夫妻整天生活在一起，难免会因为对方的缺点而发生争吵，也会因距离太近而产生"审美疲劳"。那夫妻间最好的距离是多少呢？

可以说，夫妻之间距离的拿捏就在分寸之间，而且这种距离是看不见、摸不着的，需要在实践中摸索，也靠双方的心领神会。千万别把这种距离不当回事儿，因为一不小心就有可能两败俱伤。

惠和州婚前如胶似漆，婚后也依旧恩爱如常。刚结婚那一段时间，两人无论干什么事儿都如影随形，看电影、参加朋友聚会、野外郊游……最初，两人的甜蜜让亲朋好友羡慕不已，但渐渐地，州就觉得有些喘不过气来。有时候，他想单独和朋友去喝喝酒，而惠总是不放行。好不容易松口了，等州回到家，等待他的又是一番"审问"。州知道，惠这是爱他的表现，但这么一来，反而让自己有想要逃避的感觉。尤其是最近，他发现，惠有时竟然还偷偷地翻看自己的手机短信或来电。州觉得，虽然两人结婚了，成为了一个整体，但毕竟两个人再怎么亲密，也是有独立思维的个体，也需要有自己的空间。

后来，州把自己的想法告诉了惠，希望她能够明白。不过，令州没有想到的是，惠不但不能理解，而且认为州不再爱她了，还质问他，在外面是不是有了别的女人。见有理说不清，州保持了沉默，而此后，惠对他的行踪监视得更为严密了。一旦州没有按时回家，惠就不停地给他打电话，追问他在干什么，甚至有时还向州的朋友求证。州在忍无可忍的情况下，向惠提出了分开一段时间。惠最后哭着说，自己是这么的爱着州，想要和他在一起，难道这错了吗？

其实，两个陌生人经过一段时间的相处，想要和对方一起慢慢变老才结为连理，当然想时时刻刻地在一起，这并没有错。但也应当明白，再怎么相爱的人，也不可能做到"亲密无间"。每个人都有自己的个性、隐私，也有不想说给别人甚至是妻子听的秘密，所以即便是夫妻，也得给对方留有属于他个人的小天地。就连行动也是一样，两人都有自己不同的交际圈，或

第六章 在婚姻与家庭之间亦可游刃有余

许对方的这个圈子并不适合你，何必勉强自己参与其中呢？再恩爱的夫妻，也要允许对方保留一点小秘密，给对方留一点自由呼吸的空间，这样一来，说不定你们两个会调整出更为一致的步伐，一同向幸福迈进。

两人虽结为夫妻，但并非要时时刻刻在一起，或许两人的爱好兴趣并不尽相同，但无论何时何地，两人的心都要连在一起。**夫妻间的距离，不是要拿尺子来量的，但太近了容易"追尾"甚至"翻车"，太远了又可能失控。所以，这其中的奥妙要靠当事人的聪明智慧来把握了。**

🌸 做一对不即不离的夫妻

曾看过一期采访周迅的访谈节目，在描述她与李大齐在家中的生活状态时讲到的一段话，令我至今都印象深刻。她的大意是：我们家很安静，我们俩在一个房间内，他做他的事情，我做我的事情，互不打扰对方，就像自己一个人在房间内，但又不缺乏安全感，这是最舒服的感觉。

所以，家里有条件的话，在装修房子时，能尽量多一些两人各自的空间，比如，两个卧室、书房的两张书桌、两个分开的电脑、一个可以一个人安静喝茶看书的角落等……

偶尔分床睡，不用为抢被子而争吵，还会增添一份生活情趣；你在阳台品茶看书，他在书房玩电脑，上床睡觉前再一起交流思想。这样的独立空间会让人觉得轻松自在，但也并非所有时刻都是如此，有些事情是需要两个人一起完成的，比如，你烧菜他洗碗、你洗衣他打扫、还有一起与孩子玩耍等……把握好了这样的适度距离，我想夫妻间的感情保温该不是什么难题了。

夫妻间，适当地不即不离是最好的。既留出一个空间给自己，也留一个空间让他飞；既令自己感到轻松、自在，也令思念、牵挂的暖流在彼此的胸中荡漾，也许调整一下夫妻的距离，反而会给情爱"保鲜"。

第七章 30 岁女人的爱情不一般

三十岁的女人，追求着一种平淡而又真实的生活。少了不切实际的幻想，少了随心所欲的冲动，少了不甘平淡的清高，只希望过一种平静的生活，将自己的一生维系在一个再普通不过的爱情之中，只过一种适合自己的生活。

　　爱情是一种奢侈，三十岁以前的爱情可以挥霍，三十岁以后的爱情只有收敛。

　　都说拥有爱情的女人是幸福的，然而大多时候的爱情只是一个美丽的谎言，而不是誓言。

　　三十岁以前，爱情留下的伤痕还可以慢慢修复；三十岁以后，因爱受伤恐怕难以复原。

　　三十岁以后，爱情不再是整个人生，虽然人生里不能缺少爱情。三十岁以后的人生除了爱情还有更多的内涵，家庭与自我的责任，更是一种无法释怀的负荷。

　　三十岁以后快乐与幸福由自己做主。拥抱自信不再任性，懂得爱惜不再奢侈。三十岁以后，是否可以笑看云卷云舒………

·掌握好爱的投资经营术·

🌺 在 30 岁之前练好爱情的功夫

30 岁的女人，在投入一段感情时必须考虑成本。**任何投资或是选择都有风险，感情尤甚。感情这本账不是人人都能算得清，想要略有盈余甚至一本万利，必须权衡各种因素，扬长避短——因为一旦受伤，就很难复原。**

20 岁，满街的男人都像那个我们一直在等待的人；30 岁，我们不再相信我们的未来藏在一个个的偶遇后面。这是不是就是所谓的成长？

如何知道自己的恋爱"情商"有多高？年龄无法说明问题。20 岁的女孩可以在恋爱方面非常老到，40 岁的女人也有为爱情自杀的。恋爱像体操，需要从年轻的时候开始不间断练习才能技艺高超，等年龄大了再练难免自己受伤。如今这个时代的女人，30 岁就该把功夫练好，否则哭的总是自己。

确实有那些吉星高照的人，能在茫茫的人海中找到那个只属于你的另一半，报纸上不是刚刚报道法国有一对青梅竹马的 99 岁高龄的老夫妻在庆祝他们的 80 周年结婚纪念日吗？可大多数人没有这么幸运。像爱迪生最终找到钨丝来燃亮电灯以前历经无数次失败的试验一样，我们在找到那个陪我们度过一生的男人之前，也有很多注定失败的恋爱要谈。

女子世界象棋冠军诸宸的妈妈在听闻她与卡塔尔棋手准备结婚的消息时这么说："你的航行才刚刚开始，为什么要急着靠岸？"这应该是大多数过来女人的肺腑之言吧。

但 20 岁的我们哪里肯做孜孜不倦的科学家？我们执著地迷信缘分而无视数学概率，即使眼前是一头驴子却还在赞美他的深沉。现在我们 30 岁了，上帝又多给了我们整整 10 年的时间去研究有关男女的课题，终于发现，即使再漂亮的驴子也只是头驴子，而不是白马王子。

🔥 还是自己的翅膀硬更保险些

每个年轻的女孩在心中都笃定地认为：最终伴我走过一生的那个男人一定是英俊潇洒的，看到他第一眼的感觉就像被雷击了一样强烈，然后一个声音在心里说：就是他了……哪怕他口袋里连 10 块钱也没有，从来不叠被子也不看报纸，连根面条也煮不熟也没有关系，可对男人来说，这算什么缺点？

那时我们看到的男人就是他的一张脸，一张让我们一想起就感动得落泪的脸，为了追遂这张脸我们可以风餐露宿。后来我们才明白，仅仅依靠一张脸传达出来的信息往往是错误的，外表深沉的男人也许头脑浅薄，慷慨宽容的微笑后面也可以包裹着一颗斤斤计较的心。慢慢地，我们开始越来越关心他的房间是不是整洁，他会不会做一顿美味的晚饭，他知不知道怎样克制自己内心的浮躁……还有最重要的一点，他懂不懂欣赏你？

好莱坞华裔影星陈冲在与现在的丈夫彼德结婚前曾与一位亚洲"钻石王老五"交往。谈及分手的原因时，她对好友说："在他面前我觉得不舒服。我的直率在他看来是'有些蠢'，我纤细敏感的神经被他反问'累不累'？就连我结实的身体他也评价说'太壮了'。"

成熟的女人已经没有了为男人的口味而改变自己的雄心。是懒惰，也是明智。

所有的女人可以分成两类，一类希望自己成为百万富翁，另一类希望嫁给百万富翁,但在这里我们可以断定,20岁的女人只有一类,那就是希望嫁给百万富翁的那一类。

所有的女人都有过"小鸟情结",想让自己成为男人大树旁那只依人的小鸟,可到了30岁,绝大多数女人发现没有几棵大树能靠得住,还是自己的翅膀硬更保险些。

🔥 还是自己的翅膀硬更保险些

20岁的时候我们会说:"一个复杂的男人太可爱了。"30岁的时候,我们的话变成:"我爱的是简单的男人。"

单琳在上高中时爱上了一个同学,据她说,那个男孩"另类"得可以,成天一头长发、独来独往、脾气暴躁、凡人不理,会弹简单的吉他曲,多门考试不及格。据说他妈妈精神有毛病,姐姐已经开始犯病了,明显的家族性精神分裂症。可单琳那时迷他迷得昏天黑地,经常被他气得号啕大哭还不离不弃,依她当时的话说:"爱的就是他的与众不同。"

现在单琳的老公是一个特别中规中矩的好好先生,脾气温和、性格单纯、工作勤奋、爱做家务。问单琳现在还会不会对"与众不同"的男人动心,单琳的回答干脆利落:"让这种男人见鬼去吧!"

本来约好周末一起去看电影,他却打电话来说姨妈在家里开派对,他一定要出席,所以看不成电影了。心存疑惑的我们一定要打破沙锅问到底,最后恨不得把电话打到他姨妈家里对质。这是20岁女孩干的事情。

30岁时,轮到我们说谎了:"这个周末我要跟××公司开一次研讨会。"聪明的男人应该学会相信我们的谎言,否则还怎么相处下去?

面对第一个男人,我们发誓我们的爱情可以永远不变;对第二个男人我们还是这么说,可心里已经不再那么笃定;等第三个男人来了,我们就侧过头看着窗外,淡淡地说:"谁能知道将来的事情呢?"

不丢失自己最重要

20岁的时候，爱上一个男人，我们就盼望着天天跟他厮守，不用他邀请，我们会提着箱子敲他的房门，请他收留我们；而到了30岁，没有什么比拥有单身公寓更让别的女人羡慕的事情了。

32岁的叶蔚说："我能明显地感到，随着时间的推移，我越来越无法全身心地投入到一段感情里面去了。我不再急于跟对方讲述我的生活，而是慢慢拖延他了解我的时间。可在性爱方面却正相反，我不耽搁地跟他温存，从性爱里寻找暂时的安慰。"

已婚男人是疫苗，只要打上一针就可以终身免疫。20岁的时候，我们爱上了一个已婚男人，在疯狂爱他的同时也疯狂地嫉妒他的妻子和女儿。这是女人一生最痛苦的一场恋爱，在鸡飞蛋打后，我们获得对已婚男人的终身免疫，提起他们的行径就剩下冷笑了。

这时的女人成了铁板一块，已婚男人的来犯只能是以卵击石。唯一会让我们丢盔卸甲的是跪地求婚的单身小伙，所以身经百战的王菲在谢霆锋面前走了麦城也不足为奇，尽管结局并非大团圆。

哪个女人没有过死缠烂打、痛哭流涕的失恋记忆？20岁时的失恋让我们觉得天都塌下来了，这世上还有什么男人值得信任吗？我们苦苦哀求，破口大骂，不会抽烟喝酒却跑到酒吧里买醉……

30岁的时候回想起这一切真是难为情。痛苦是埋在心里的，不是亮给别人看的，再说，为一个男人痛苦成这个样子凭什么？他的离去带走了你的未来吗？那只能怪你为什么把未来拴在他身上！30岁的女人明白了，爱不爱都不要紧，不丢失自己最重要。

·金三顺式的庸俗爱情·

"简单爱"里才有真命天子

　　30 岁的女人，告别了青涩，离凋谢又还早，身体和心灵都"熟"得恰到好处。30 岁的女人，经历过尘世间的风霜历练，对于生命、爱情、男人和自己，有了越来越深的领悟。女人到了这个年龄，希望爱情越简单越好，因为 30 几岁的女人不像 20 岁的女孩一样有大把的时间可以挥霍了，她们更加崇尚简单自然，直接了当的爱情。

　　在韩剧《我叫金三顺》中，一个三十而立的"没女"创造了一部爱情神话。

　　金三顺小姐作为女人还真是不够格儿，脾气又烂，也不小鸟依人，别的女人抱起来都是瘦瘦的，可她却是虎背熊腰……

　　没有美貌和身材，没有房子和轿车，没有大学学历，只有面包制作师的资格证书，可她在圣诞节前夜被餐厅解雇了，连爱人也背叛了她。她就是在理想和现实矛盾中徘徊的金三顺。为了给自己疗伤，三顺喜欢清早起来，做一桌子的蛋糕，让满屋飘香，她称这是"世界上最甜美的疗伤方法"。

　　一天，一个男人突然出现在她面前，还成了她的上司。但她早已看破藏在他优越条件和风流外表下的坏脾气——我行我素、为所欲为。但是为了差点被拍卖掉的房子，为了向他借钱，三顺还是跟他协议恋爱了。她没有想到，自己会爱上这个比她年纪小很多的男人。而那个男人逾越了过去留下的种种心理障碍后，成了她的真命天子。

金三顺说:恋爱为什么这么困难呢,总是让人烦恼,有时还让人心痛,但是我还是想恋爱,因为想念一个人的时候感觉更好。

三顺的爱情平凡而庸俗,剥掉种种华丽的外表,如此世俗的爱情才是我们共同拥有,彼此熟悉的。吵吵闹闹的恋爱,为生活中的鸡毛蒜皮小事计较,在乎他今天迟了几分钟回家,有没有戴你送的领带,衣服上的香水味是否熟悉,记不记得你的生日……在每一段爱情里,我们看到的不是彼此,而是自己,所以爱情不是为了做给任何外人看的,看得见的只有我们自己。在这个小小的庸俗的星球上,遇见和自己一样庸俗的那个人,不要多说什么,就让我们庸俗而幸福地恋爱吧。

在三顺的世界里,爱情是专一的;爱情是彼此的尊重;爱情需要共同承担,无论苦痛或者欢乐。三顺和她爱的阿三,在世俗看来,无论外表或者学识修养、家庭背景,好像都不是一类人,但三顺的纯洁简单,对爱情的执著,对人的坦白却深深吸引着阿三,但三顺绝不会因为阿三对她有好感,就晕头转向,她始终保持自己的尊严与人格,直至阿三真正懂得了尊重和理解她,真正做到了一心一意地对待爱情,她才接受了阿三的爱。

爱情需要维系

这些道理,我们曾经也都好像懂得。可经过生活的变异与感情的失落后,才能从中体味到真味。原本我们总觉得两个人在一起,只要去努力地好好对待对方、好好地珍惜对方,爱情就不会枯萎。可没有想到,所有的感情都会在瞬间消逝,这时候,我们才会真正去思考爱情的含义。

首先是理解。理解的前提是认识一个人,由认识而了解,才能真正理解,只有理解,责任和关爱才不会盲目。家弗洛姆说过:了解的方式多种多样。成为爱情要素的了解是要深入事物的内部,而不是满足于一知半解。

我只有用他人的眼光看待他人,而把对自己的兴趣退居二位,我才能了解对方。而只有这样的深入骨髓的了解,才可能有真正的尊重。有了这种尊重存在,便不会刻意去改变对方,使其成为自己想要的模样,而是努力使对方成长和使自己成长,正视其存在。有了这种尊重,便不会奴役对方也不会惧怕对方。两个人都是平等的存在。

其次,维系爱情,还需要长久的沟通。**无论两个人有什么样悬殊的地位、差距,两个人相爱后,就要学会去共同面对风雨或者阳光;否则,两个人就会产生新的差距与隔阂,就会出现不一致的步伐。**爱情里,不需要一个人去承担。所以,阿三与前女友即使过去拥有再闪光的回忆,都会因为前女友三年渺无音信而褪色,因为无论这离去的理由有多充分,离开本身就代表了不信任对方。

所以,我们虽没有出众的外表,只拥有普通的学识、平凡的工作、不多的金钱,但爱情一定不要勉强,维系爱情也要像三顺那样,不要迁就,不要盲目,全心给予,学会理解,学会尊重。

有人批评三顺的恋爱观很自私,因为她不像别的韩剧的女主角一样,总是无怨无悔地付出,遇到问题就退让。她喜欢那个男人,就希望一直陪在他身边,她想要拥有他,如果他选择的对象是她,即使她的对手美丽温柔、楚楚可怜又为那个男人付出很多,她还是坚持把握住幸福。感情的世界里,退让不是美德,如果你的爱人也爱你,那么他一定希望你紧紧抓住他,而不是轻易放弃,把他推到另一个人怀里。这就是30岁女人应该把握的爱情吧。

爱,就是这么简单

曾经听说这样的故事,女孩子看见杂志上的测试题,用四个季节来看人的爱情观,题目是这样的:春天的鲜花、夏天的海水、秋天的冷月、冬天的阳光。女孩子看了看题目,选了第三个,秋天的冷月。

看完了测试的结果后,她把题目给她的男友看,男孩子笑着说:那是女孩玩的游戏。女孩子急了,一定要他选择。男孩看了看题目,选择了第四个,冬天的太阳。女孩子很奇怪,因为很少有人喜欢冬天。

"你真奇怪,怎么喜欢冬天的阳光呢？"

"没什么……"

"说吗……你一定要说……不然我生气了……"

"冬天你的手会冻,要是有阳光会暖和一点……"

是的,爱就是这样的简单,心中忘记了自己,所有的空间都给了心爱的人,这就是爱了。

爱,就是这么简单。

·未雨绸缪下一个男人·

🔥 吸取在一棵圣诞树上吊死的经验

爱情本身不是件坏事情,只是爱得太深会成为累赘,人在一个地方生活太久,以一种形象坚持得太久,我们都会觉得有点累,更何况现实生活给爱情的压力太大,再怎么风花雪月,到头来只会是柴米油盐一地鸡毛。

佛经里有个故事,有两个人因为前世的因缘,来世佛把其中一个变成一棵树,长在那个女子必经的路旁,让他们结一段尘缘,只可惜那棵树只顾着自己招蜂引蝶,忘了在树下等候他的那个女子,当等待变成无望的时候,她黯然神伤,落寞而去。因为有些情感只能是一种守望,在守望中等待下一轮转世,谁又能断定爱情没有轮回呢?爱情如果是棵树,不能在一棵树上吊死,因为生活的内容太丰富,爱情之树承载了生活的所有内容未必牢固。

男人像树,优秀的男人像棵圣诞树,在自然物体上装满了人工的东西,所以在一棵男人树上吊死更不值得,追求一棵优美的圣诞树,不如追求一棵苹果树来得实在,圣诞树是没有生命力的,她是用来炫耀自己给别人看的,而苹果树是会给你带来结果和收获的。

所以聪明的女人不会在一棵树上吊死,要吸取在一棵圣诞树上吊死的教训,不再给爱情出高难度的问题,因为这种爱情太完美,太完美了等于爱情完了,人也完了。

老人们常说:留有余智以防不测。就是说不要太眷恋,爱情因为眷恋才危险,一旦发现树要枯萎,马上重新找棵树,你就有足够的精力和心智来对付了。

比如你在一棵葡萄树上没有吃到葡萄,可以运用酸葡萄的原理,想着我可以找到更好的葡萄树,你可以试着去爱情的森林,变成爱情的乐观主义者,你感觉到爱情的森林里一片鸟语花香,你可以重新选择最适合你的树歇息;如果你远离了爱情的森林,一个人独守着一棵树,哪怕是在感受鸟语花香的时候,心中还忍不住担心花粉带来的过敏和临空落下的鸟粪。

爱情不能吊死在一棵树上,只爱一点点,我们才会发现平凡中的不平凡;只爱一点点,才能在失去的时候不会太伤心;只爱一点点,我们才会有更多的惊喜;只爱一点点,我们才会觉得爱和被爱是件轻松的事情。

❀ 下一个男人也许会更好

你的爱情和幸福,并不是非他不可的,没有必要非要苦苦纠缠,让自己爱得那么悲哀,爱得那么辛苦。要学会审时度势,寻找真正属于自己的幸福。

小芬和男人相爱 3 年后的一天,男人忽然对小芬提出了分手。

"你如果离开我,我就死给你看!"小芬嘶喊着。

"没有用的。我不再爱你了。"男人摇了摇头,不为所动。

"但是我爱你啊!我不要离开我!"小芬的泪水滚落。

男人不再说话,转身便要离去。

"你是不是有了别人?!"小芬疯了似的冲到他面前。

"没有任何人,只是我不爱你了。"男人走了。

"你会后悔的!我真的会死!……"小芬的呼唤已留不住远去的心。

男人离去后,小芬激动地冲到厨房,抓起一把水果刀,一咬牙,真的割腕自杀了,留下为她痛哭的亲朋好友,还有那事后得知消息而愕然的男人。

小芬用最激烈的方式宣告了她对爱情的坚持是那么地不留余地。也许,她是想让男人后悔,让男人一辈子都记得她。可她忘了,人是善忘的。多年以后,也许男人已不记得曾有一个女人为自己而死,真正牺牲的,只不过是小芬可笑的爱情与可贵的生命。

当一个男人已经不爱你时,选择死亡应该是最傻的做法吧?死了,又能如何呢?一旦死了,就真的是失去所有,再也没有挽回的机会了。活着,也许还可以期待"下一个男人也许会更好",既然未来还有可以期待的幸福,又为什么不给自己一次机会?

就算当悲情真到了最高点，顶多一辈子找不到适合的男人厮守终生，也不必非得走上寻死这条不归路，不是吗？爱情并非人生的全部，失去了爱情，还可以拥有其他的幸福，又何苦因为无路可走而破窗跃下？

不爱你的不过是一个男人；爱你的却是你众多的家人与朋友，为了家人与朋友，难道不值得再活下去吗？在爱情的世界里，谁没跌倒受伤过？如果能从这个角度去看爱情，你是否会觉得失去所爱其实并没有那么悲哀？

幸福与快乐是靠自己去追求的，别把自己的幸福与快乐建立在别人手上，如此一来，天地才不会在失恋的刹那间崩塌！与其寻死，不如乐观地期待"下一个男人也许会更好"吧！

✿ 谈恋爱或者分手都要未雨绸缪

面对爱情的到来与失去，我们可以冷静、再冷静一点。在热恋的时候，我们不妨设想有一天，对方会突然离开，或者会突然死去，你就会珍惜跟他在一起的岁月，如果有一天他真的离开你也不必惊慌失措。有些事情之所以可怕，不是因为事件本身重量太大，而是它来得太突然，让你措手不及，就像一个巨大的冲击量在短时间内爆发，总是会产生破坏性的作用；一些事情如果我们做好迎接的准备，就不会惊慌失措，这种准备其实是一种缓冲。**我经常跟别人说：不管是学习或者是谈恋爱再或者分手，都要未雨绸缪，不要等到事情发生了还不知道为什么，要的是之前我就知道它会发生。**知道它会发生，为什么还要开始？这是一个古老的问题，故事的美往往在于过程不在于结果，明知不可为而为之，需要的是勇气和智慧。作家李敖说从成败来看，史可法、文天祥都是失败的，但是他们仍然受万人敬仰，所以不能用成败来看问题。

在分手的时候，我们要坦然一点、潇洒一点、风度一点，好好地为对方祝福，微笑着说谢谢你陪我走过那么一段岁月。如果对方心里还有你，还会担心你会不会做傻事，会担心你会不会太伤心。如果他是这种人，你应该知足，他能陪你走过人生的一段路程，毕竟你们有过一段温馨的回忆；如果他变得非常冷漠，你的生死存亡对他来说已经无关紧要，那么你也应该庆幸，爱情让你看透了一个人，也让你避免了以后受到更大的伤害。所以，在分手面前，我们一定要坦然，刚开始的痛苦和流泪只是因为突然失去一样东西之后内心变得冷清，一时间适应不了。你知道习惯这种东西是需要时间来改变的，爱情也一样。

·分手后我们不做朋友·

❀ 何苦自己找黄连来嚼呢

当爱情的火焰在 20 几岁的当口熊熊燃烧到轰轰烈烈的时候，我们忘记了人世是如此变幻无常，以为爱真的就是地久天长。

30 几岁时，走过风走过雨，人生的风景经历数载，终于，也会站在分手的十字路口。这个时候的女人，不是 20 几岁的小女孩了，不再单纯到以为分手以后还可以做朋友。

对，30 几岁的女人，会微笑着对那个曾经爱过的他说：分手了，就别再来找我。

原本相爱的恋人，面对分手，或有情不得已的原因，或有不可告人的理由。而分手之后仍要做一对朋友，岂不是把过去的一切又带回到自己的生活中？何苦呢？当然，分手之后，也没必要变成敌人、仇家，互相中伤对方，恨不得把对方至于死地也大可不必。

看到以前的恋人，生活比你幸福，你会不会嫉妒？当以前的恋人，兴奋地带着新恋人做介绍时，即便你装做满不在乎，但心里的滋味却可想而知。

你又何苦自己找黄连来嚼呢？如果以前的恋人生活得不幸福，你的旧情加上同情心，一定会想很多……毕竟，你们以前是相爱的恋人，你们也曾经拥有过美好的爱情生活，面对以前的恋人失意迷茫，你会伸出援助之手吗？你会不会又落进那感情的漩涡呢？

最后，大家都有了新的一半，你继续和以前的旧爱做朋友，新情人心里会怎么想，藕断丝连？新欢肯定心中不满。更可怕的是，在猜疑与辩解中，生出几何关系来。当然，也有一些成功的，但是听起来，总是有丝丝的尴尬。

未曾刻骨铭心，分手后做朋友又谈何容易？看着自己以前的恋人，与别人卿卿我我、欢天喜地，你会没感觉吗？何必自己做戏给自己和他们看呢？已经分手了，为什么还要刻意地去维持一种近似超越友谊的关系呢？不如把它封在心里，怀念或者扔掉它，去迎接新的一段生活。

分手了，何必再要做朋友？ 否则，何言分手？

✿ 我的生活中已经没有你

一个朋友和相爱 5 年的男朋友分手了，他们曾经相约做朋友。可是后来她告诉我说："一开始我以为可以，可我知道我错了，在我们刚分手那会儿，我们本来是说好以后要做好朋友的，大家还是那样的互相关心、问候。可是我根本无法走出他的阴影，放不下我们的曾经，自己沉浸在无限的痛苦当中，到现在，我们分手这么久了，可是我依然无法放下，无法重新开始自己的生活。我想只有真正豁达的人才能做到吧？或者是根本没有真心爱过的人，对这份爱毫无感觉，才能那么轻松。所以既然分手了，就彻底地结束，这样才是对大家都好的。"

分手后不能做朋友，如果你曾经深深地爱过这个人，他曾经是你生命中不可割舍的一部分，那么怎么去转换角色，才能若无其事地把他看成是一个朋友？

分手后不能做朋友，如果分手后还保持联系，这只能说明有一方还没有真正放下对方，所以才会找种种借口去接近对方，如果你们是真正爱过一场的话，如果他真的对不起你，真的能做朋友吗？

分手了，不做朋友是为了不再给对方希望，不给对方任何机会，这个人已经不爱你了，放手，是大家解脱的最好办法，既然没有爱了，就没有必要再恋恋不舍，既然没有缘分一路同行走下去，那就彻底地分开吧，默默地祝福你，但是我的生活中，已经没有你。

🔥 真的放下才不再眷恋过去

思雨和男朋友分手一半年，突然好奇他的近况，便以"普通朋友"的身份打电话给他，试探他心里是否还有自己，却换来他刻意地划清界限，电话中途还和身旁人打闹分心。她感到受伤："即使普通朋友也应有点关怀吧，他已忘了我们的过去吗？他为何不能待我好一点、温柔一点呢？男人就像他一样容易忘情吗？"

思雨到底还想要求什么呢？对于过去的感情关系，她在半年后再度勾起对他的思念，贪恋被重视、被关怀的感觉，还要求亲密的响应，希望对方最好待自己温柔一点，如果他说过得不好还表示他不忘情，还很想念她，这样也许就是她想要的。

小心，这是很多女人喜欢把玩的欲望游戏，自讨苦吃，也使别人厌烦。愿意可能只不过是因为突然耐不住空虚，想靠幻想旧爱对自己还未忘情来安慰自己，自我肯定。其实因为自己怕寂寞也太过于虚伪，才妄想借助旧情人来充实自己一时的感情空虚。

前男友没有什么必要，也没有义务和责任甚至任何人情要待她特别好。分手就是分手，朋友就是朋友。真的放下，才不再眷恋过去，不再靠复活过去填补当下的情感真空。

🏵 分手后不做你的朋友

分手后不做你的朋友，因为你给过我的爱已经足够我把你当做我一生的爱人，因为你为我付出的情已经够我走到永久。

分手了，我们不会是朋友。因为爱你、因为想你，所以我永远都不会把你当做朋友。

分手后我们不是朋友，只因那彼此为爱的心痛，我要慢慢习惯失去记忆，忘记所有关于你的一切，好的，坏的。让时间为我洗清脑海中所有对你的思念，还我一片空白的思绪。

我愿意带着你给过我的幸福走到生命的尽头，那么在离开人世的那一刻我依然可以面带着笑容，喃喃地告解你是我永久的着陆点。

请不要告诉我分手后，你要和我做朋友！

分手了我们不能做朋友，因为曾经我们彼此伤害过！分手了我们不能做敌人，因为曾经我们彼此相爱过！我们，永远不能做朋友！

·同居，一件总是对男人有利的事·

🏵 同居的女人就像是在走钢丝

简妮说："在我恋爱的时候，如果有人告诉我，同居是痛苦的开始，同居会把美好的爱情变成一文不值的鸡肋，同居会把骄傲、自信、健康、快乐的公主变成自卑、敏感、多疑、变态的黄脸婆,我一定不趟这汪浑水。"

简妮和男人是在一家公司应聘时认识的。他们同时被叫进去面试,并双双被录用。从公司出来的时候,他们已经成了无话不说的朋友。

上班第一天,男人就送简妮一盒巧克力,藏在一个公文袋里,当着很多人的面递给简妮,说是帮她代领的办公用品。打开袋子时,简妮顿时惊得嘴都合不拢了。恋爱的感觉是怎么也藏不住的。因为公司有不准内部职工谈恋爱的规定,男人很快就辞职了,应聘到另一家公司上班。

在一次约会中,男人握住简妮的手轻声说:"我们的工资不是很高,分别租房住,开销又太大。我,我想了一个节省钱的好办法……"看他欲言又止的样子,简妮就鼓励他说:"什么好办法? 快说出来。"

"我们住在一起吧! 这样就不用辛苦地跑来跑去,还可以省下一个人的房租,互相有个照顾。"

理智告诉简妮该摇头,但情感却让她说不出拒绝的话。男人拥住简妮说:"我会爱你一生一世的,一年后我一定娶你! "

当天晚上,男人把简妮所有的东西搬到了他的出租屋,他们开始了正式的同居。

在开始的几个月里,他们的生活充满了阳光。每天下班前,他们都要通个电话,说好晚上吃什么,约定谁去买菜,然后回家一起做饭吃,饭后他们手牵手地出外散步,男人已张口闭口地唤简妮"老婆"了,简妮觉得自己幸福极了,除了一纸婚书,跟新婚蜜月没有任何区别。

几个月后,当同居的新鲜感慢慢消退时,他们的关系有了微妙的变化。白天上班时,男人给简妮打电话的时候越来越少了;回到家里,也不像以前那么亲热了。当简妮向他表示不满时,他总是说:"老婆,我把你当自己人,所以才不像以前那样整天讨好你,过日子就是平平淡淡嘛。"

眼看一年就要过去了,男人并没表现出一点要结婚的意愿。简妮忍不住问他,他又说:"我刚刚换工作,我想多赚一点钱,付得起一套房子的首付后再娶你。"

那年夏天,简妮突然发现自己怀孕了。她把这个消息告诉男人:"我们结婚吧！有没有房子无所谓,让我把这个孩子生下来。"男人反对她的想法,依然坚持等条件成熟了再结婚、生孩子。

男人一直找借口不愿意结婚,后来,他们还是分手了,简妮用了长达半年的时间疗伤,才使自己走出这段同居生活给她带来的阴影。

女人,千万不要选择跟男人同居！常常听见有人说,婚姻是爱情的坟墓,无非是因为婚姻中大大小小的琐事、油盐酱醋、家庭关系的介入,让原来纯净的感情沾染了很多世俗的纷扰。渐渐地感觉到没有了最初爱情的味觉,导致婚姻如同嚼蜡。

那同居呢,当女人望穿秋水般地等待男人归来的时候,当男人选择离开的时候,分手了。女人有保障吗?同居无非是婚姻的另一个形式,缺少的是一张纸,可就是这张纸,让女人不能挺直腰板面对那个背叛爱情的男人。同居的女人就像是在走钢丝,在受了委屈后,不能对外人说,因为说出来,无非是得到他人内心里的一句话:"咎由自取。"

🌸 同居对男人来说是最划算不过的事

恋爱开始的时候,彼此会觉得同居很新鲜,因为是第一次跟一个异性在一起生活,多么的新鲜,甚至非常有幸福感,特别是女人。女人是一种感性的动物,很容易被生活的点滴感染,被一些细节感动,男人的偶然一次掌勺,两个人第一次一起去买菜,两个人一起装饰屋子……这些足以让女人感动许久……

要知道,找个女人同居对日后还没有婚姻的打算或预算的男人,是最划算不过的事了。在同居的日子里,他们像夫妻一样亲密无间,女人替他承担了妻子该做的一切,却并没有像妻子那样共享他的钱包,或许还要跟他一起来分摊房租、水电、生活费。你们的生活也许很甜蜜,但你们的未来在哪里? 没人晓得。

女人同居的理由是不同的,男人同居的理由却是完全相同的。男人是很实际、很简单的动物,选择结婚和同居,都是为了找性伴侣,找煮饭婆,找一个照顾自己的人。

其实男人心底也有不安全感,他并不喜欢自己的伴侣一天到晚地被别人惦记着,可是他们又不甘愿放弃自由,于是乎,同居就成了男人的最佳生活方式。

女人选择同居,可能有很多理由,为了和心爱的男人在一起,父母不同意,经济基础不够,没房。可是我见过最多的女人是为了男人而选择了同居。

很多女人以为不结婚,是给自己留条后路。经常听到女友说:"他想娶我,有房有车再说吧!"其实这样选择同居的女性,是以结婚为目标而同居的。心里已经决定"这就是他了",只是某些因素还不满意。她们把结婚当做最有价值的筹码,可以用不结婚把男人拴在自己身边,还可以激发男人的上进心。

有这种想法没有什么不对,可是如果是同居以后还有这种想法,就太糊涂了。醒醒吧!你已经把男人娶你的理由都给了他,他自然乐得不结婚。

很多同居的女人,多半是被男人说服,或为了照顾男人才同居,当然也觉得住在一起互相照应。可是同居的女人都知道,这个"互相照应"的便宜是男人占得多。

🔥 分手后,你还有机会吗

从某种意义上说,同居是对婚姻不自信的一种表现。既然下定决心,为什么还要不厌其烦地美其名曰"试婚"?

既然不自信，那么同居之后面临的一个最大难题就是分手。经过两人或长或短的时间磨合，发现自己并不适合对方。那怎么办？只好分手吧。重归单身大军之后，发现自己的选择范围窄而又窄。从前和自己有暧昧关系的男同事不能要，谁都知道自己和某某男士同居一年之久，即使真的成了，以后吵起架来也是他的一个话柄。身边的女友又不肯把自己的哥哥弟弟介绍给自己。那么就登报征婚吧，结果发现，那个高大英俊事业有成的老板级人物却有着严重的处女情结……

所以，女人，为了保护自己，不要和男人同居！

不做爱情的完美主义者

❁ 从不完美逐渐融洽到完美

30 几岁的女人，有一天忽然开始明白：**世界上没有绝对完美的事物，包括爱情，太完美一定是种缺憾，当两个人相爱，一定是为了弥补各自的不足，从不完美逐渐融洽到完美，这就是彼此适应的过程。**

假设果园里长满了红通通的苹果，如果让你去挑选一个又大又红又圆的，只许走一遭，结果很多人是空手而归，当你发现接近你心目中目标的那个苹果时，你却犹豫了，总觉得下个更好，直到走到头儿，才发现已经错过了好多个不错的。

我们都知道苏格拉底是伟大的哲学家、演说家，而他的太太不仅是个平庸的女人，而且是出了名的悍妇。由于苏格拉底出去演讲从不收报酬，弄得家里很穷，甚至还不能解决家人的温饱问题，所以他夫人不允许他再出去演讲。

有一次他正在兴高采烈地演讲，他夫人让他回家，大叫大嚷，他还是没回去，于是他夫人将一盆冷水泼到他头上，浇得浑身湿漉漉的，但是苏格拉底却没有动怒，反而笑着对他朋友说，能把一切不愉快化解为快乐，这是一种生活艺术。

在我们看来，一个伟大哲学与一位普通的家庭主妇一定没有完美的爱情、没有浪漫的生活、没有共同语言的，然而并非如此。当苏格拉底被判死刑时，她却为他四处奔走，找人救她丈夫，并极力向人们证明她的丈夫是个具有伟大智慧的善良正直的男人。而苏格拉底抚弄着他的妻子头发说："我没有给你带来富裕生活，请你不要再怪我，我习惯了你的唠叨，我会在另一个极乐世界等你，在那里我会报答你今生给我的一切。"这难道不是爱情吗？现实中和理想中的爱情的确有很大差距，现实中不可能有完美的爱情，因为我们都不是完人。

可是，在苏格拉底心中，他的悍妇却是他的完美爱情中的伴侣。

🏵 她们始终找不到令他们满意的完美爱情

方块字的世界里，有两个字相爱了，可是他们总到不了一起，它们总是相隔很远。有时候隔着几行，有时候隔着几页，有时候隔着几十页，有时候甚至不在一本书里。在它们两个之间，隔着的每一行都像一条河，每一页都像一堵墙，每一本书都像一座山。它们常常被思念煎熬着，在极端的甜蜜中忍受着极端的痛苦。

终于有一天，它们到了被允许结婚的年龄，它们一起来到了造字者那里。造字者说，你们结婚后有三种生活方式可以选择：一，谁也不会限制谁的意义，在相爱的同时仍然可以保留着自己的完整。这种方式是让你们作为两个独立的字去相爱。二，你们只为彼此而活，谁离开了另一方都无法存在，你们只有在一起时才会具有意义。这种方式是让你们作为一个词去相爱。三，这种方式是最普通的方式，也是绝大多数字婚后的方式，在这种方式里，你们和对方在一起时是有意义的，但是和别的字在一起时又有别的意义。

它们选择了第一种，作为两个独立的字生活在了一起，如天和真，公和主，沙和发，十和分。他们常常被人用在一起，但是一个小小的标点符号就可以把它们毫无牵扯地隔开。有时候甚至不需要标点符号，一个微妙的语气停顿都会让它们之间泾渭分明。一次，一个小学生就这样用它们造了句："今天天气真好。"还有人这么使用它们："你怎么才得七十分？"

日子久了，它们对自己的这种状态也疑惑起来。它们觉得，它们在一起是那么貌合神离，像是在各自的内心旅行。它们又找到造字者，请求他允许它们换成第二种方式，造字者同意了。于是它们变成了紧紧偎依的两个字，走到哪里都形影不离，而一旦离开就都失去了意义。就像跱和躇，琵和琶，尴和尬，蜻和蜓，蜘和蛛，咖和啡，乒和乓，蝴和蝶。只要一个字出现，另一个字必定也在一边；若是单独的一个字，这个字就失去了内涵和灵魂。它们只有彼此，再无其他。两个字就这样又生活了一段时间，开始时它们是很满足的，觉得这真是神仙眷侣般的日子，无可挑剔。

可是，渐渐地，它们觉得彼此失去了吸引力，直至厌倦。于是它们第三次找到造字者。造字者告诉它们，这是它们最后一次机会了。这一次，它们真是快乐极了。它们发现他们既有自由，又可以随时保持着联系，既可以在有兴致时待在一起，又可以在腻烦时去和别的字进行新的搭配。这使得它们既品尝了家庭的温暖，也拥有了去邂逅其他美妙际遇的可能——这真是一种最理想的方式！它们不止一次地庆幸着自己的选择。

遗憾的是，一段时间以后，它们对这种状态也产生了异样的感觉。它们开始觉得这种方式既不如第一种洒脱，也不如第二种纯情；既不能拥有第一种的奔放恣意，也没有第二种的深刻专一。爱，是有的，但是这爱并不神圣，而它们已经没有别的选择。它们知道任何一种方式对它们来说都是有缺陷的。它们在浪漫时渴望安全,在安全时又渴望浪漫,它们总是想兼而得之。可是它们不知道,他们在兼而得之的时候,正兼而失之。**这两个字至今还生活在浩如烟海的字典中,始终找不到一种令他们满意的完美爱情,就像那些在紫陌红尘里纠缠着的无数的男人和女人一样。**

❀ 别堵死了通往爱情的那扇门

其实,爱情不只是最初的浪漫情怀,相反的,爱情走过的更多的岁月是一种浪漫过后那种真实拥有的平淡和实在的生活。那种生活,有如一条小溪般在生命的长河中流过,波澜不惊地、平缓而又淡然地在你的生命长河中荡涤出一条涓涓细流,时刻滋润着你的生命,而不是惊涛骇浪过后的萧索和失去。

爱情中,我们常常刻意地奢望对方能够给予我们很多,而不是想着怎样给予对方。生活中,我们更应该先心存感激地给予,比如关爱、比如宽容、比如理解、比如鼓励……这样,当我们决定爱他的时候,才会获得他同样的给予。

过于追求完美,实际上是堵死了通往爱情的那扇门,实际上世界上没有一个人是完美无缺的,有志的可能无心,有心的可能无力,有力的可能无钱,有钱的可能无情,有情的可能无爱,有爱的可能无缘,有缘的可能无分,有分的可能在一起无法相处。总之,有天时的没有地利,有地利的没有人和,有人和的又缺少其他的东西,有了这样又没有了那样。所以这个世界根本就不可能是完美的。

唯如此,爱情中,我们要尝试着做一个懂得爱与被爱的人,也只有尝试了,才会懂得爱情不是完美无缺,有着这样或那样的缺点,但也不是残缺不全的,终有一些东西是我们需要的和欣赏的。更需要尝试着做一个懂得奉献的人,尽自己的可能给予别人、关心别人。

爱情,不要追求完美,它要的是一种畅快的心情、一种愉悦的感觉、一种超脱的自由、一种淡然的态度。

·谁嫁给了"比尔·盖茨"·

🌹 首先要让自己成为一个有条件和资本"钓龟"的女人

办公室的小美不但人长得漂亮,气质好,而且还特别上进。自从进入这个单位,就在不停地参加各种培训班,考取各种各样的证书。最近,她刚刚考下来导游证,又开始报名参加律师资格证的学习和培训。

这天中午休息时,我看见小美又抱着一本大部头的法律书在埋头苦读,就和她开玩笑说:"小美,我听说律师资格考试是全国竞争最激烈的考试,干嘛把自己弄得那么辛苦啊?凭你的条件,去钓个金龟婿,找个有钱的男人嫁了,肯定比这么拼命划得来。"

小美白了我一眼说:"老土了吧你?现在钓金龟婿那个行业,可要比考律师资格证竞争激烈多了。"

小美说得对,金龟婿不是那么容易钓的。如果你真想钓,你要明白一点:寻找金龟婿的前提是首先要让自己成为一个有条件和资本的"钓龟"女人。

我问一个刚刚30岁的女孩子她有什么人生目标时,她说:"我说出来你可能会觉得我很可笑,我的人生目标是找一个富有的,我爱他,他也爱我的人。"

我认为有目标胜过什么目标也没有的,况且她要达到这个目标是相当难的。她愿意为自己定一个这么艰难的目标,而且又那么坦白,比起那些眼里只有钱,口里却扮清高的女人好。

可是,金龟婿不是满街满巷都是,也不会自己找上门,他们在市场上十分抢手,如果一个女人想找一只金龟,请先问问自己:"我有什么条件可以吸引一只金龟。"

我问女孩子:"你想要哪一种金龟?是不是满口金牙,脖子上挂着一斤多重的金项链,戴钻石金表,穿名牌西装而不剪去袖子上的商标的男人?"

女孩说:"当然不是这一种。"

她要达成的目标又增加了一种难度,因为前一种金龟比较多。可是这个女孩子不喜欢读书,也不想进修,却渴望找一个高尚而富有、并且能给她爱情的男人,难道他们会从天而降?

即使有一天,这个人真的出现了,他能爱你多久?任何有目标的人,都会为达到目标而努力,如果目标是找到金龟,请先让自己成为一个值得爱的女人,攀附是一件很痛苦的事情。

在格林童话中,灰姑娘最终得到王子的垂青,那她到底是怎么做到的?

灰姑娘先是主动要求参加舞会,所以找到神鸟,在神鸟的帮助下完成了继母布置的那些不可能完成的任务,才得到见到王子的机会,可见,灰姑娘主动而勤奋。

当灰姑娘还是一个可怜的小姑娘时,就梦想着成为一个了不起的女人。当时,王公贵族们看到穿戴华丽的灰姑娘时,以为她是哪个国家的公主,想必灰姑娘的气质风采一定不亚于贵族,这说明灰姑娘平时就为之努力过,才会拥有如此不凡的风采和举止。

在参加聚会时,她的舞姿特别优美,吸引了许多人的目光,这当然也和平时的努力分不开。假如灰姑娘根本不会跳舞,哪里会有机会和王子亲密接触?

为了掩饰自己的卑微身份,为了引起王子的注意,她故意遗失自己的玻璃鞋，让王子替她捡回来，从其中，也可以看出她是个很有智慧谋略的人。同时，连精灵都愿意帮助她，可见她有很旺的人际关系。当她原谅了虐待她的母亲和姐姐们时，也证明了她是个善良而宽容的人。这一切都说明，灰姑娘是一个有足够条件能钓到"钓金龟婿"的女人。

总觉得自己是灰姑娘的你，有没有想过，你平时是不是不修边幅？要引起王子的注意，至少你得有出类拔萃的气质吧？这些不是等来的，是平时努力得来的。

想想灰姑娘的聪明智慧，拥有美貌，主动出击，同时又会利用美貌，灰姑娘怎么可能得不到幸福？

❀ 用你的智慧，点银成金

世间的女子，怕是或多或少，不同程度上都希望将来能寻得一个金龟婿，只是一眼望去，身边的金龟婿是少之又少，不多的几个，怕早已是别人的夫婿了。于是女子们一个个唉声叹气，只觉得天涯处处是野草。

其实，这许许多多她人的金龟婿，也大都经过了身边女子的打造，才成为我们眼中的金子。所以女人啊，如果实在钓不到金龟婿，你可以先去寻求一个银龟婿，然后用你的智慧，点银成金。

在你着手点化金龟婿的时候，我最大的忠告是千万不要盲从，不要听从别人的经验之谈，按照自己男友的规格制订方案才是上策。

很多银龟婿的成因在于他自小的生活环境，也许他有一个不太体面的妈妈，或者一个不够显赫的爸爸。这些，都是男人的软肋。你可以借此入手，更好地规划你的打造方案。但是这种事情只要自己心知肚明就行，千万不要当着他以及他的家庭成员的面，这样他会因此尴尬而愤怒的。

每个男人都把面子看得比什么都重要。他可以允许你适当地撒娇耍赖，甚至可以任由你心血来潮地挥霍和无礼，但是，作为一个男人，他最不能忍受的是你当众对他指手画脚。因此,你对金龟婿的改造一定是一次内部秘密行动。在私下,你可以对他的行为提出抗议,也可以逼他改掉不好的习惯,但是在别人面前,你一定要让他活得像个顶天立地的男人。

很多时候,女人们以"制造金龟婿"为借口逃避责任,本来是应该自己打扫房间的,却说是为了培养男友的勤奋习惯而把自己该干的家务活推得一干二净,这样很不好,会让男人反感。何不把家务活一分为二,事成之后,再给他一点小小的物质或者精神奖励。

也许,女人有时候看着被自己点银成金的男友说:"看,我的本事多大,想想以前的你,是什么样子啊!"男人这时候可能不会说什么,但是他们的心里未必舒坦。很多男人都希望自己的才能是天生的,当然他们不是忽视了你的功劳,只是有时候男人像个孩子,需要别人给予他肯定和赞美。所以,多给他些"美言"吧,他会更加优秀的!

无论是嫁给"比尔·盖茨",还是"点银成金",都是女人想要的幸福。

·爱情不是生活的全部·

❀ 不管爱得多么深,都不要忘了自我

30几岁的女人,不会再像20几岁时一样,把爱当成生活的全部。

如果把爱当成自己的全部,那就会失去了自我。爱要爱得真诚,爱得坦荡,但是却不能付出自己的全部。

当爱占据了自己生活的全部,那么生活也就失去了重心。甚至不再考虑该做什么才是最有意义的,或许会陷入一种盲目的状态,无论做什么事

都以对方为中心。其实，做任何事应该是要考虑双方的，而不是一方，这样才能在爱中体会到真正的快乐！

不管爱得多么深，都不要忘了自我。无论任何时候都要有自己的事情做，分散自己的注意力，当过度地注意在某件事或某个人上的时候，人会变得很累。但是并不是说要疏远，应该是既然爱上了，就要为自己的爱负责，学会以正确的方式去爱对方，体贴对方。

对女人来说，爱是生活、氧气、生命，因此，女人的爱总是轰轰烈烈的，搞得天下皆知；多数女人还会倾注自己所有的感情。但男人可不同了，即便是在热恋，他们也会有本事狠下心来六亲不认，专心一意地致力于眼前的事物。

男人未免太无情了，也许你会这么想，有时你会更气他因为其他的事情而再次推迟你们的约会。其实他们只是比较实际，知道在现实生活中还有很多比爱情更重要的东西，比如工作、比如钱、再比如他的哥们儿……但是，他一点儿也没有蔑视你存在的意思。

🕯 我们的生命不是爱情的抵押品

以前，爱情是女人生命里最重要的东西，为了爱情，迷失了自我，为了爱的那个人，放弃了很多很多值得留恋的东西。

当有一天，和那个你爱的人吵架时，才发觉嫉妒和醋意早就冲昏了你原本很理智的头脑，这是你吗？像个泼妇，在一瞬间，你竟发觉这真的不是自己的作风，你何时变成了这样……

当工作日渐顺利的时候，你的心中有了很多的寄托，是的，爱情不是生命的全部。**除了爱情，生命中还有更重要的东西让人期待，放下了心中爱的包袱，发觉外面的天空，蓝蓝的，白云朵朵，它在飘，生命多美好！**

爱情不是生命的全部，当你放下了心中的爱和恨，你会发觉生命中一切都是美好的。

不信？可以试试。

是的，当一个女人认真去做一件事情的时候，爱情便不是她的全部了。陷入爱情的女人是不理智的。爱他，于是妒忌、于是脆弱、于是伤感……所以，还是别把爱情当做生活的全部。

其实我们的生活中既要有爱情，也要有友情，爱一个人，不是把自己圈在一个二人世界里，爱他，不等于要完全依附于他，我们也有自己的生活圈子，有自己的主张，我们应该享受爱情，但是不等于要做爱情的奴隶，我们的生命不是爱情的抵押品，适度地给对方一些自由，或许会给爱情增加一点润滑剂。

爱情不是以自我为中心，不应该像圈地运动一样把他占为己有，他是一个有思想、有独立人格魅力的人，不要把你的个人喜好强加到别人身上，要学会尊重对方、包容对方，学会走入对方的世界，去感受他的感受。

别把有限的精力全部投注到某一点，你也有自己的工作、自己的朋友，你也有自己的人生价值要去实现，爱是自主的，适当的自由不等于就是背叛，不要爱得迷失了自我。如果有一天，一方离开了另一方，一直沉迷在两人世界里的你就会觉得像被整个世界抛弃了一样，你所承受的痛苦远远要比那些还拥有友情亲情的人大得多。

亲情之爱是一生中最宝贵的财富

这是 38 岁的冬儿离婚后需要面对的第一个春节。

前几天，她给女儿打电话，问她春节需要什么礼物？她说，"老妈，你看着办吧，知道你现在挺难的。"听后，她心里酸酸的，不知道再说什么好了。

她刚要挂断电话,女儿又接着说,"老妈,你和老爸的事情太复杂了,我管不了,也不想管了。"

天呀,这是她的女儿吗?刚刚6岁呀!生活的变故显然已经严重地影响了孩子的心灵,面对她不应有的成熟,冬儿欲哭无泪。

妹妹们带着妹夫和孩子都来到爸妈家过节了,家里一下子热闹了许多。冬儿帮着老爸张罗着饭菜,忙中出错,她打碎了一个碗。老爸在一旁数落她,说她一贯干什么都不小心,妹妹和妹夫也在一旁帮着老爸起哄,这时候,大妹妹家的外甥女出来为她大姨打抱不平,"你们不要再说我大姨了,她有心事呀,她内心多寂寞呀,我们现在应该一起来呵护她。""哈哈哈……"孩子的话把大家都逗乐了。这是一个8岁女孩应该说的话吗?冬儿一把将外甥女抱起,在她脸上亲了又亲,外甥女问她:"大姨,你怎么突然亲我呀?"冬儿含着眼泪笑着说:"你都知道什么叫呵护了,快成大姑娘了,大姨怕你长大后,像这样亲你的次数会越来越少了!"

看着冬儿天天心事重重,妈妈那晚劝她说:"孩子,人生就是这样的,苦辣酸甜都得让你品尝。"冬儿说:"妈,我对不起你,这么大了还得让你和我爸操心。"老妈乐了,过来拉着冬儿的手说:"你多大,在妈妈的眼中也是个孩子,如同你对你女儿的感觉,那都是一样的。不是有句歌词吗,叫受伤了可以回家。妈妈的家就是你永远的家!"冬儿笑了,"对,妈您说得对,我现在就是只受伤的小鸟,庆幸还有家可以疗伤。"妈妈也笑了,说:"我女儿不是只小鸟,而是只雄鹰,只不过现在翅膀暂时折断,等恢复后,一样可以再次翱翔蓝天!"

妈妈的话语一扫冬儿心中的郁闷,她突然感到自己是很幸福的。虽然失去了一种被称之为爱情的爱,但现在她拥有更多的亲情之爱呀。无论是她的女儿、她的外甥女、她的小妹、她的妈妈,还有其他的家人,他们这种亲情之爱必将是她一生中最宝贵的财富!

看来,爱情不是生活的全部,浪漫不是爱情的全部,玫瑰不是浪漫的全部,花瓣不是玫瑰的全部,你不是我的全部,我更不是你的全部。

　　爱情不是全部。有了它,我们要知足;没有它,我们要满足。

　　爱情不是全部。有了他,我们要珍惜;没有他,我们要寻觅。

　　爱情不是全部。浪漫是风,吹过就吹过了,只能掀起你的头发;情调是雨,下过就下过了,只能淋湿你的衣服。

　　爱情不是全部。暗恋是酒,醉过就醉过了,清醒以后还是自己;热恋是烟,点燃就点燃了,燃尽之后只是灰烬。

　　爱情不是全部。如果你爱得很辛苦,就放弃吧;如果你爱得很不自由,就放弃吧;如果你爱得看不见未来,就放弃吧。

第八章　从现在开始爱上你自己，不算晚

爱自己，才能爱别人，这是30几岁女性最流行的口号。

现代的女性会时时倾听自己的内心，诚实地面对自己真实的感受和欲念，选择自己想要的，不曲意承欢，不委曲求全，不刻意讨好别人而压抑自己。她们认为只有以这样的态度来爱自己，才能了解爱的意义，才有能力去爱一个男人，保证双方在"爱的河流"中不受伤害。

其实，爱自己是一种责任，就像爱你的家人和朋友一样。不爱自己的人就是不负责任，而且不仅仅是对自己不负责任，也是对社会不负责任。我们只有一直小心翼翼地保护自己内心的纯净，才能抵抗太多的诱惑和堕落，这样也就会给自己所爱的人带来一份真诚、纯洁而又干净的爱，同时也能保证自己的家庭和事业都向着良性而又健康的方向发展，这才是生活中一种真正的幸福。

·过自己想要的生活·

🔥 勇敢地为自己做决定

当生命的车轮带着女人进入 30 岁的旅程，女人忽然觉得以往的日子一直都是在为别人忙绿着，从来没有问过自己想要什么，想过一种什么样的生活，女人累了、也倦了，现在，她只想过自己的生活！

心爱和丈夫离婚了，拖着行李离开家门的时候，心中还是有一丝忍受不了的疼痛，毕竟，这是她生活了十几年的家呀！家中每一个物什、每一件摆设，都曾经倾注了她很多的心血。

老公决定今天不再回来送她，也是害怕两个人再次面对的尴尬，十多年的朝夕相处，从曾经的相识相恋到结婚，经过这么长时间的耳鬓厮磨，她不知道他现在的心中到底还有几分爱的成分。

过去，每一次吵架，她都自己偷偷地想：再吵，我就与你离婚，然后，去买一套又漂亮又实惠的小房子，把它装修得富丽堂皇，把自己放在里面，从此过太平日子。

等真正到了这一天，心爱的心情还是有些沉重，眼中的泪水怎么忍也忍不住。可转念一想，这一步，是她自己先迈出的，既然和他生活在一起不幸福，就换一种方式，不在乎亲戚的闲话，也不在意同事的眼光，为什么要活在别人眼里，人不是应该为自己活吗？一个人的生活，并不像有些人说的那么可怕。好多年都没有舒心的感觉了，过去，每日来去匆匆，总为了那个被称为家的地方忙碌着、操心着，柴米油盐酱醋茶，把生活填充得满满的，一直在为别人活着、忙碌着，真的觉得生活是永无尽头的那种绝望。现在好了，再不用操心另一个人的生活，也不用担心天晚了，他是不是醉了。晚上，自己想几点睡就几点睡，早晨，想几点起就几点起，凡事都凭着自己的性子来，不用看别人的脸色，不用听别人的唠叨，轻轻松松过自己的日子，这样的生活，比起过去，不知要惬意多少倍呢！

想到这里，心爱释然了，不再委曲求全，不再为别人而活，过一种自己想要的生活，其实是一件很幸福、很对得起自己的事情。

其实，为自己争取合适的生活方式，创造属于自己的生命轨迹，是我们每个人与生俱来的权利，也是对自己生命负责的表现。

在生命转折的过程里，我们要面临很多的选择。可是我们为了让自己在别人眼里活得更完美，于是委曲求全地选择了违背自己意愿的生活方式，这些行为表现正是制造各种生活问题的根源，因为这样的生活根本不是你真心想要的，所以很可能埋下了日后不快乐的恶种子。

对自己生命负责的人，才能活出自己，也才能扮演好生命中的各种角色，所以别再放弃自己了，你应该勇敢地为自己作决定，为自己创造充实而美满的生活。

她从来都不知道什么叫幸福，因为她从来就没有过上自己想要的生活

小帆是个现代才女，琴棋书画样样精通，甚至能化腐朽为神奇，随便一样废物在她手里，都能变成出色的艺术品，这样的女人，谁不爱惜

啊？大家总以为，有一天，她一定可以成为出色的艺术家。

可是他的父亲认定了艺术不能当饭吃，她制作的艺术品在父亲眼里都是些不值钱、没有用的玩意儿，所以坚持让她走有意义的正路，譬如学习医学或者经济，结果她放弃了专攻艺术的理想，一头埋在医书中，成为一个平凡而不快乐的女大夫，努力地忘记心中曾经的梦想。

当了近 10 年的医生，她有了点积蓄，和朋友合伙开了一家店。正当生意逐渐步入正轨时，她的父亲认为女人应该成家了，35 岁是女人单身的极限，应该赶快结婚，所以也不管女儿愿不愿意，就开始了相亲仪式，一个接一个，让她晕头转向，只希望这一切赶快结束。

终于找到一个家世不错，各方面都算配得过去的对象，唯一的缺点就是年纪稍微大了一些。但是老爸认为年纪大一点可靠，于是小帆开始和他交往。

交往没多久，男方认为了解得差不多了，自己年纪也比较大了，所以建议赶快结婚，可是小帆不愿意，希望多交往一段时间再说。可是男方坚持要马上结婚，小帆的爸爸也认为没什么好等的了。就这样，小帆在别人的意愿下结婚了。

结婚后，公婆认为自己家也算是有头脸的人家，儿媳妇在外面工作抛头露面不好，所以要小帆回家安分守己过日子，照顾公婆，准备传宗接代。于是小帆和朋友拆了伙，待在家里做了贤妻贤媳。

小帆的先生不喜欢妻子去教会，认为那是传播是非的地方，也不喜欢她和以前的朋友交往，认为那些人庸俗无聊，会把她带坏。于是，小帆又把自己乖乖地孤立起来了。

转眼间，小帆已经是两个孩子的母亲了，成天在家事和丈夫孩子中打转，直到孩子上学，她才稍稍轻松些。

先生一向以事业为重，很少回家吃饭，他们之间也没什么太亲密的关系。自从孩子出生后，两人好像已经尽了所有的人生义务，夫妻分房睡，说起来也没什么感情。

刚刚38岁的小帆，头发已经白了，脸色暗黄，整天没精打采的，她觉得自己像个行尸走肉，生命对她来说好像没什么意义。她觉得她从来都不知道什么叫幸福，因为她从来就没有过上自己想要的生活！

很多女人，她们一辈子都不曾替自己做过决定，从小就听从父母的安排，长大后也习惯了别人来安排自己的生活，连结婚这样的大事也一样。

❀ 随它花自飘零水自流

要活出自我不是那么简单的，不是说一个苹果像苹果就算有自我了，世界上没有相同的两片树叶，更不会有相同的两个苹果，即使是苹果，这只和那只也是完全不一样的，何况是人，你和我、我和你总有分别的。陶渊明不为五斗米折腰，隐居山野，采菊东篱下，悠然见南山，这是他的自我，他活得潇洒、活得精彩，如果他和那些市井无赖混在一起，整天锱铢必较，早就被历史所遗忘了，今天又有谁知道他的存在呢！

其实，也不一定要轰轰烈烈、名垂青史，可以淡泊明志，可以宁静致远，但是一定不可以迷失自我，不可以人云亦云，不可以丧失最基本的个性，没有自己的判断。做什么不重要，做得怎么样也没关系，最关键的是要知道自己想要什么，追求的是什么。没有能力不可怕，可怕的是盲目，一旦陷入迷茫，没有了主见，有能力也无济于事。

人们一直说要寻找自我，其实自我不需要寻找，自我始终都在身边，在我们心里最深的地方，只是红尘滚滚，埋没了自我，动摇了心灵的根基。活出自我，要懂得坚持，学会执著，在心中保留一块净土，播种自己的希望。清水出芙蓉，天然去雕饰，自我不需要刻意改变什么，顺其自然就好。

人生如戏，每个人都是主角，不必附庸谁，我是我，你是你，好好地活着，为自己活着。有梦想就大胆地追求，失败了也不要放弃，随它花自飘零水自流。郑板桥说："千磨万击还坚韧，任尔东西南北风。"活出自我，过自己想要的生活，何需犹豫。

·摆脱压力，饶恕自己·

🌸 不求面面俱到，就不会有压力

不知你是否有过这样的经历：半夜偶尔会莫名其妙地惊醒，紧接着思绪便在忧虑中蔓延开来，过上好一阵子，才又昏沉睡去。

女人总是在脑海里反复想：钱赚得不够多、存款还太少、工作时间不够用、还有一些细节做得不够好、家里最近不够干净、孩子的功课最近盯得不够紧、老公最近似乎不够爱我、每天运动坚持得不够好、人生不够完整……

其实，女人的压力，更多的是来自于自己：要有体面的工作，要争高职位拿高薪水，要有健美的身材，还要做贤妻良母，凡此种种，哪一样不是要事必躬亲、竭尽全力。其实，太过于追求完美，才是健康的最大隐患，不是吗？没完没了的加班，升了职、加了薪，却损害了健康、影响了家庭;追求魔鬼身材,不惜以身试刀做美容手术、节食减肥饿得头昏眼花;生了宝宝,本该享受做母亲的快乐,却怕丢了职场的位子。其实,这样的面面俱到,给自己施加了太大的精神压力,非但不会达到完美的目标,还会事倍功半得不偿失。

🔥 压力都是自己给自己的,只要自己想开了,什么事都可以慢慢解决

朋友向我讲述了她的减压故事。

她说从升迁那天起,周围同事的目光就再也不像从前那么柔和了。

单位办公室紧张,两个部门的六七个人挤在一个办公室工作。小小的空间,谁做什么都看得一清二楚,有时我忍不住去看旁边那位同事。她经常写个小纸条之类的东西,传给她对面桌,接着再传给其他人,然后几个人神秘地会心一笑。在他们的笑声里,我的脸色变得苍白。

为什么他们会这样? 我一直找不到原因,也无法跟别的同事提及,只好对父母或朋友诉说。朋友也没什么对策,只能安慰我几句,而父母开始为我担心。那天晚饭时,我说起办公室的几个人正在说话,我一走进去他们戛然而止,弄得我心情极不愉快一事。爸爸听了,直接放下饭碗,说吃不下了,妈妈也不再吃。我悚然一惊,不能再给父母增加负担了。

顶着压力,我开始向自己的承受力挑战。那些同事不管做什么,背后议论什么,我都命令自己绝不理睬,做好本职工作要紧。更何况,我是负责人,有些人还得听我调配。我让本部门的同事尽量多出去联系业务,不要跟其他部门的人搅在一起,至于业余时间他们怎么聚,就不在

我的管辖范围内了。

他们不能在我的眼皮底下捣鬼，便开始另想计谋。没几天，单位领导找我谈话，告诫我不要乱说话。我很气愤，大声辩白，并提出当面对质。单位领导原本也很了解我，见我如此态度，便明白自己上当了，不好再说什么，此事不了了之。

那一阶段我很压抑。一个单位的中层小干部，处在上压下挤的人际关系网里不可能有好心情。但是我知道只能靠自己调节心态，毕竟靠跳槽来逃避是不明智的，我告诉自己一切都会过去的。

由于我没有放弃工作，业绩有目共睹，支持我的人越来越多。终于，有人悄悄告诉我，他们之所以那么气我，是因为同办公室的另一个部门负责人嫉妒我，如果不是我，我们部门的负责人就应该是她。

现在，偶尔还是会有被领导冤枉或者无故挨训、遭到别人排挤之类的事，但是我已经知道应该怎么处理了。**那就是先置之不理，自己找乐子去，边打游戏边唱歌，或者和朋友喝点小酒，运动运动，给自己一个缓冲的时间，压力都是自己给自己的，只要自己想开了，什么事都可以慢慢解决的。**

是啊，人生如战场，压力如影随形。或许你游刃有余，毫不费力就能收放自如；或许你举步维艰，拼命旋转也转不出压力的漩涡。**死死相撑，透支自己，远非明智之举；适当减压，轻松应对，才能饶恕和释放自己。**

❀ 事情都会愈变愈好的

女人怎么才能很好地做到饶恕了自己呢？这需要养成一个习惯：

如果过去的生活一再提醒你，你每天都不是很快乐，那你就得很好地调整一下自己的心理了。每天提醒自己"事情都会愈变愈好的",心理学家建议将这句话写在纸条上,然后贴在镜面或桌上,每日读上几遍,这样对你的心理调整大有好处。

被人称赞时,否决或怀疑,而应写下来,当做证据存起来。同时你还可以给在意你的人或好朋友看,这样做可达到增强自我信心的目的,同时提醒人继续给你鼓励。

我们每天都陷在很多琐事里,注意力常被转移,以致看不见或记不住自己每天的收获和快乐时刻。其实快乐人生正是由这些小收获与小快乐组成的,而大部分人往往只注意自己较大的成就或是特殊时刻的快乐。

太近看,你只能看到一棵树,离远了才能看到整片林子。坐在列车里,你看到的只是一节车厢,里面又挤又乱;走出车厢,你才能看到整列列车,在明媚的阳光下快速地驶向远方。下次遇到烦恼时,可以问一下自己:最糟糕的情形会是怎样?你会发现,其实没什么大不了的。同样的道理,在断言自己一直不会好运或幸福之前,先不妨问问自己:你真的能够预知未来吗?如果是那样的话,你岂不成了神人?

女人释放压力还是得调整自己的心态,不要做一些无意义的比较,不要自寻烦恼,学会用平和的心态对待生活,这不妨多读读书。

有道是"男人的一半是女人",那么也可以说"女人的一半是男人"。这个世界实际上就是男女两个人的世界。为女人减压减负,男性尤其是为人夫者责无旁贷,况且有的女性心理压力大,本来就源自丈夫的懒惰或不作为。所以,先调教好自己的老公,让他明白,丈夫应关心呵护妻子,主动多与妻子沟通,甚至不妨有时当一回妻子的"出气筒";当好"家庭夫男",减少应酬,多帮妻子干些家务事等。他明白这些后,就可以做你的"贤内助"了。

现代社会让女人承担了过多的社会角色,不同社会角色又有不同的标准,如贤妻、良母、女强人、铿锵玫瑰等,势必造成自身的角色紧张。女人可以扩大自身的社会网络,这是缓解压力的不错选择,比如参加一些女性社会团体的活动,或者跟自己的同学、同事保持联系等,都有助于女性压力的缓解,所以,试着给你一个很久没联系的朋友打个电话吧……

女人,善待自己,先远离压力吧!

让"奉献"见鬼去吧

❀ 当她含辛茹苦地操劳着这个家,丈夫却有了情人

常听说妻子年轻时和丈夫一起艰辛打拼,待到容颜已老,青春不再时,丈夫金屋藏娇,弃糟糠于不顾;常见到风华正茂的儿女们不记得母亲的生日,却一定记得母亲的受难日——自己的生日。这就是女人们伟大的奉献,没有自我的付出!

有一位女友,对自己犹如葛朗台之吝啬,仿佛赚钱的目的就是为了家人,不是为了自己潇洒美丽。上街买衣服一定是最廉价的处理品,那是打折过后毫无生气的一堆布而已,她可以欣欣然买几件;一头浓密乌黑的发从不舍得去美容院打理,长了花两块钱在门口的理发店剪剪;去看她新生的小宝宝,只见她下着一条泛绿臃肿的棉裤,上穿暗红

沉旧的毛衣，下蹬一双硕大的老头靴，头发随随便便用一根皮筋束起，当着丈夫和友人的面毫无顾忌挤出乳汁，然后喝下去……这副场景和装束简直恐怖，现在的邋遢慵懒与往昔清纯美丽判若两人。结婚后看着她整天将自己奉献于家庭，疏远了知心好友，仿佛世界只剩下老公和孩子；不修边幅任自己沦落到没有女性娇柔没有穿着品位的地步，而这一切的后果是什么呢？当她含辛茹苦的操劳着这个家，当她青春已逝、芳华不再的时候，丈夫有了情人。

她离婚了。貌似老实忠厚的丈夫竟然一次次伤了她的肉体还有心灵，刚刚30岁的年纪就把希望寄予给了年幼的儿子。可以游离于一个个情人的怀抱，但却封闭了自己的心扉，不让自己有爱有情，透过过去的老公看穿了所有男人的狼心，于是放弃了让别人爱自己和让自己爱别人的追求，现在所有的奋斗都是为了自己的儿子。今生她没有希望，没有爱情，没有自己，只有她生命中唯一的儿子，于是她把所有的精力都放在儿子身上，为儿子没日没夜地奉献着自己……可当有一天长大成材的男孩有了自己的幸福生活，她会不会有失落、有寂寞？当她白发苍苍之际，会不会感慨这一生何其寥落，没有一丝一毫自己的色彩，人生本是五颜六色，自己这块却是无法更改的苍白黯淡。

有一位朋友给我讲了这样一个事例。她买了反季节销售的三个香瓜，很贵。女儿挑了一个大的，给了旁边小朋友一个，当她拿起最后一个准备品尝时，女儿大哭起来，在爷爷奶奶溺爱中长大的公主认为这些好吃好玩的全都属于她一个人，别人是碰不得的。朋友没有理睬女儿，照样拿起小刀，削皮切块，毫不犹豫吃完了最后一个。她说："我就是让她从小意识到，所有好东西妈妈都是可以和她平等分享的，她没有任何可以独占的特权，尽管我不是很想吃那个香瓜。"至此，日益长大的女儿有好吃的从不曾忘记和爸妈一起享用，去超市买糕点总记得妈妈爱吃的几样。我想在她脑海里父母的位置一定和她自己一样重要，爱需要相互付出、相互关爱，不要把子女当成皇帝公主，把自己变成宫女下人，认为自己就应该为他们奉献出一切。爱他们的同时，也一定要爱自己。

千万不要无条件地奉献全部，要为自己留出一些时间与空间，干点自己该干的事，要明白知识悬殊、境界不同，是幸福婚姻的最大礁石。

❀ 女人不要太贤惠

女人千万不要太贤惠，为丈夫牺牲自己的一切。因为功成名就的丈夫是不需要能吃苦耐劳的黄脸婆妻子的。 所以，女人必须有点儿"自我意识"，为自己保留一份容颜和体型而付出点努力，更要提高自己的知识技能，要立足于离开了他你也能生活。如果一味贤惠，整天蓬头垢面干家务活，有了好吃的给丈夫吃，有了好衣服给丈夫穿，自己能省就省，弄得憔悴不堪，年龄不过 30，瞧着发白眼花，像快 50 岁的人，那就无药可救了。女人犯不着贤惠到如此地步，你吃啥让他也吃啥，你穿得理应比他更好，谁让你是女人，要靠容取胜呢？男人只要有学识，穿着差点儿也无妨，人家会以为那是名士风度，潇洒得很，众人照样刮目相看。只有浅陋的没文化的男人，才靠油头粉面，靠名牌包装来撑面子。

女人便不同，"人恃衣裳马待鞍"，"三分人材七分打扮"，所以不论穿休闲装还是职业装，长裙还是短裙，都要上下搭配得体，才能让人看着顺眼，让人肯多看你几眼，干嘛要蓬头垢面糟蹋自己呢。

想留住丈夫的方法，不是因为你辛辛苦苦地付出，让他日后感恩，以为提起"想当年"如何如何，他就会反省自己的所作所为，去感恩图报，那才是痴心妄想。男人的本性不是看你勤劳能干，而是看你是否顺眼。别让你落下他太远，有苦难也让他分担一些，而自己则要注意一点自己的姿色，洗完碗、拖完地在手上涂点护肤霜，以防干裂粗糙。粗茶淡饭也要营养均衡，不要使自己因为营养不良而衰老。以现在的物质条件，只要会安排，起码的营养是能够保证的。

忽略点丈夫没关系，使点性子也没关系，多花点钱也没关系，但必须保持自己的漂亮和青春活力，必须常照镜子，有爱美的意识。

人类之爱不完全在于实用，而还求悦目，像一幅画、一曲音乐，它能当饭吃吗？不能。但人们还是爱着它、欣赏它。妻子对丈夫再好再贤惠，哪怕他住院，她整天在医院守着他端茶喂饭，危难之际他也感谢她，可是她却让他提不起神来。

有的女人出门前对着镜子左照右照，丈夫固然不耐烦，催着"快点！"可不管怎样，他仍然认为那是女人的人之常理。你，漂亮了，总比乱蓬蓬地出去让他舒服，修饰是女人的特权，这样，她的丈夫孩子才会以她为自豪。

✿ 有思想有品位有尊严地爱自己

把身心投在琐碎的家务劳动上的 30 岁女人，自然没空照顾自身，于是或袜子上有破洞，或衣服上满是油点，不注意修饰自己，总由着性子来，见了人也是一派小家子气，丈夫渐渐地就不愿意带她出门了。她再总怀疑丈夫有什么外心，整天打电话问个不停，更让男人烦。与其那样，还不如好自为之，下功夫打扮自己、充实自己、提高自己。

很多女人们在奉献中年华逝去，把自己的最爱最美都献给了家庭、社会。想在感动之余说一声，留些爱给自己！如果节假日来临，在买回诸多孩子老公喜爱的吃食外别忘了买一份自己喜欢的；忙碌了一年后，在过生日那天放自己一天假，穿上最能体现自己风度的时装，化一份淡妆，感受一下悠闲人生；忙碌中千万不要忘记要读好书看晨报，不要让自己变成"不知有汉"，无论魏晋的屋里人；即使没有很昂贵的时装，也要衣着得体大方，不要让家人，尤其是老公认为你已失去了女人本色；如果想去旅游，乘着明媚春光出发吧；如果想去访友就放松着自己的心情与知交畅谈吧，如果想靓丽轻快，去美容院换个发型做个面膜吧，焕然一新的你会给自己带来明媚的心境……

女人，一定要舍得，舍得时间、金钱，有思想有品位有尊严地爱自己！

·宁可做妖精，也不要做黄脸婆·

🌼 任是无情男儿，也会被眼前的你迷倒

韩剧中经常有这样的镜头，女人们是典型的家庭主妇，她们习惯于日日待在家中相夫教子，于是不少女人艳羡这种生活，并纷纷模仿。姐妹们周末双休日时一定要待在家中，不是收拾整理老公的公文包，就是清理孩子的书包，甚至还有女人甘愿做家庭主妇。当疲惫了一天的男人回到家就见到看电视的你，此时你再送他一个苦瓜脸，还自以为是韩剧中的经典动作，其实，此时想让他不讨厌你都难。

韩国女人并不是都待在家里相夫教子的，她们中的大多数还是要去工作，做职业妇女的。待在家里的家庭主妇往往是上了岁数的。一个常待在家里的女人不仅很容易没有个人的圈子，还容易让男人觉得颓

废不上进。而身处职场中的女人自然而然地有一份自信，走出家门的女人才会有自己的交际圈子，有一份除家庭之外更感兴趣的事，所以大胆的女人们都走出了家门，作为家庭主妇的你还在犹豫什么呢？走出家门，就算不参加社会活动，哪怕是购物也好。

人说30岁是女人社交活动的结束，其实，30岁才是女人社交活动的开始。因为这个年龄段的女人不仅有一份成熟的魅力，而且天生具有一种与人交流的能力，它能帮助你拥有更多的朋友。

这时的女人已不是当年邻家小妹温婉可人的形象，她们摇身一变成为有闲有钱一族。在物质上中她们有能力为自己购买一些奢华的消费品；在生活情趣上，她们会更加自主，更加无拘无束地选择：茶艺、瑜伽、听音乐、跳国标舞，这些都是30岁女人应该参与的活动。

当你在他的面前巧捏兰花指，轻幽幽地端起刚斟的茶；当你穿起和服，轻拢慢捻抹复挑地弹起琵琶；当你穿着娇艳，踩着红舞鞋在他的面前翩翩起舞时；当你舒展地做出两个瑜伽动作时，任是无情男儿也会被眼前的你迷倒。

做老婆，而不是做"黄脸婆"

王淼原是大学班花，很风光，有很多人追求，但婚后，特别是生完孩子后，老公仿佛不再珍惜这来之不易的胜利果实，常埋怨她有"羞花闭月"之能——花听到她的声音就谢，月看到她的表情就躲。真是恶毒，用最美好的词骂人！

王淼是上班族，家务又全包，由于心情不好，加上劳累，自然没有好脸色，她也疏于打扮，更无闲情撒娇。可自己做牛做马，丈夫却不买账。她不甘心，她痛苦，甚至动过轻生念头。

这类"好女人"在中国占多数。她们有现代的一面,比如自己挣钱,有体面工作,可顶半边天,甚至管老公,让对方表面怕自己……但也有传统的一面,过分牺牲自我,以为做老婆,就是奉献,结果却做成了黄脸婆。

男人们开放的步伐迈得更大,他们心里实际上更喜欢天真、性感、风情万种、懂得享受生活的女人。所以现代女人想幸福,应身兼丈夫想要的三职:妻子、老师和情人。

做妻子,是天经地义的;做老师,则要有多表扬少批评的心态与涵养,男人从本质上是个长不大的孩子,顽皮、贪玩;做情人,就是学会关爱自己,保持浪漫,续写恋爱情节,把丈夫弄得晕乎乎的,无暇再去外头动心思……

不要做了太太后,就忘了自己仍是个爱美爱玩情调的女人;不要把婚姻当做锁链,铐住自己,还要绑住丈夫,偷看丈夫抽屉,他一出门,就怕丢掉他似的;不要放弃追求,以为做了太太,就不能有梦想;不要下班后,完全把自己当做保姆下放……

"黄脸婆"这一角色,怎么总会像幽灵一样钻进已婚女人的心底,然后像傻冒似的无限发作?**婚姻不该有这种令人窒息的低气压,它应该让太太们鲜活起来,过去怎么发嗲,恋爱时怎么捏男友的手臂,请继续这种粉红折磨……**

我认识的一位新女性,就很会在婚内继续妩媚、诱惑、浪漫,把她丈夫弄得服服帖帖,至今每夜还要抓着她的手才可以入睡。有一次她出差,才 3 天,丈夫就相思得做噩梦、踢被、着凉,最后感冒!她的一些花招,不妨公开给所有正做"黄脸婆"的女性朋友:即使自己下厨,也要忙里偷闲玩花样,比如几道拿手菜做好了,让丈夫闭上眼睛,点好蜡烛,关上灯,佳肴摆上桌,再让丈夫睁开眼,这时,丈夫会欢呼:"老婆万岁!"再把她抱起来,转圈……她认为,结婚不是件一劳永逸的事,有许多比恋爱更美妙的东西可以挖掘、发挥。如果婚前是由男友来担当取悦你的角色的话,那么,婚后,你就是女主角,你在操纵他,他幸福和满足的样子将是对你最好的褒奖。双方一旦形成良性互动,他会回报你意想不到的热情。其他小花招有:偶尔帮他刮胡子;留情趣小字条;上班时,给他打个电话撒撒娇;保持和他一起看电影的"旧习惯";陪他运动,与他朋友打成一片,并在众人面前表扬他,最好能让他"刚好"听到……

🌸 亲爱的,你帮帮我,好不好

当然,我们相夫教子,赡养老人,呵护孩子,固守婚姻,这是女人的本分。但是,我们未必要做一手好饭,老公宁愿看到我们狼吞虎咽吃他做的菜,赞美他、欣赏他、崇拜他,那会给他成就感和满足感,一个被老婆需要的男人,是很自信的。我们也不必事事躬亲,我们累了,我们的特殊时期,就可以偎在老公身边,撒着娇,柔声地说:亲爱的,你帮帮我,好不好?他的疼爱,会随之而来。**适度地依赖他,让他感觉到你的需要,在外面应酬的时候,他就会挂念你、担心你**。在面对那些年轻美眉的诱惑时,他会想到老婆不能没有他,否则,就可能没有饭吃,在需要人照顾的时候也没有人在身边。当然了,适可而止啊,没有男人会愿意一生带着个拖油瓶。

我们不会永远年轻,但是我们可以风姿绰约;我们不会永远靓丽,但是会风韵犹存。他当时在万人之中选中你,自然是因为你有过人之处。不要让时间销蚀了你的美好,让你的优点,成为吸引他的不可抵挡的魅力。

身为女人,绝不要做黄脸婆!

·没事偷着乐·

🌺 因为快乐，生活亦变得美丽

在我们的周围，也有许多的女性，她们有的或许没有诱人的外表，有的或许没有花样的年华，但是她们却拥有自己独立的人格，拥有自己的事业和朋友，她们不会因为丈夫冷落自己，或者丈夫离开自己就感觉天塌下来了，而变成了一个怨妇，整天哭哭啼啼、怨天尤人、寻死觅活的，她们每天依然开心地工作、生活，依然给孩子、给朋友最灿烂的笑容，最甜美的声音，最真诚的祝福，她们总是给人一种赏心悦目、如沐春风的感觉，她们深深地懂得"不经历风雨，怎么见彩虹"这一幸福定律。

女人，不管你的外表是美的还是丑的，也不管你的心智是聪明的还是愚笨的，都要凭着自己的心性去过自己想要的生活，而不要依附于某一个男人，心情也不要随着他心情的潮起潮落而沉沉浮浮，做一个独立的个体，经济独立、事业进步、感情丰富理智，这样的女人永远自信快乐，这样的女人也是男人心甘情愿为之效劳、为之追逐一生的女人。

同事小艺长得娇小玲珑，肤色白净，细眉细眼，恬静秀丽，颇具古典美。她终年短发淡妆，衣着时尚得体，落落大方。虽年逾30，依旧青春靓丽。小艺生性聪颖，且事业心特强，不但是学校的业务骨干，还担任着部门领导工作。难能可贵的是对这些成绩她并不满足，至今仍在读书深造,力求与时俱进,再上一层楼。

小艺爱好文学,特别钟情散文、小说,每以购书为乐,假日休闲常在书城度过。学习电脑起步虽晚,却凭着她的智慧进步神速,而今早已驾驭自如。她喜欢观光旅游,居然一人到过香港等地。偶尔也与二三好友一起打打羽球,或泡泡茶吧、看看时尚杂志,或逛逛淮海路商厦,买些小手袋、装饰品之类,或光顾环艺影城欣赏一两部中外名片……总之,小艺生活十分充实,心态甚好,说话间常闻其银铃般的笑声。她常说,女人,必须独立,有独立的经济、独立的事业、独立的人格、独立的追求,才会永远保持自信快乐的心情,失去不一定是坏事,该属于你的终究会属于你的,笑看天下,方为智者。

由小艺的经历,联想曾经热播的电视剧《粉红女郎》,四个女主角个个美丽动人,性格开朗,经历曲折,但却充满浪漫的生活情趣。笑着向往幸福、追求真爱。

她们的故事让我们明白:因为快乐,生活才变得美丽。

学会常常"没事偷着乐"

快乐的女人也许不是出色的女人,但她却是掌握人生要义的女人。假如一个漂亮的女人不快乐,那么她们的漂亮和能干又有什么意义?而一个快乐的女人知道应该怎样热爱生活,知道应该怎样让生命更有意义地度过。她们容易知足,充满太多欲望的心是不会享受到快乐的。

快乐的女人生活得有情趣,虽然平凡却有滋有味。快乐的女人具有一颗爱心,无爱的女人是不会真正快乐起来的。

快乐的女人不会给自己和别人带来沉重的负担,以事业为重的男人在工作之余不愿再看到美女的"冷"和女强人的"硬",而那种快乐,自信的女人就像一缕春风，给别人带来轻松愉悦。快乐的女人身上有一种无形的光芒，吸引着你走向她。许多女人在内心深处也都渴望能拥有快乐，但这种快乐往往被她们所承担的社会角色所掩盖。

聪明的女人便是快乐的女人，女人快乐的时刻是最美丽的，快乐是很容易得到却又难以把握的，快乐不需要任何庸俗的东西来做载体，也许你什么都没有，但拥有快乐，那么你就是这个世界上最富有的人。

聪明的女人为自己而活，聪明的女人会在生活中放松自己去寻找快乐与浪漫的情趣，春天去山里看草长莺飞；夏天去野外听蛙鸣鸟叫；天高云淡的秋日采摘一片绚丽的枫叶夹在心灵的记事本里；白雪飞扬的冬天穿上黑色的高筒靴在落满雪花的小路上边走边唱。

快乐的女人在给别人带来愉悦的同时也给自己带来一份自信。快乐的女人知道快乐是最好的彩妆，快乐是最华丽的衣裳。快乐的女人是一个最美丽的天使，快乐的女人是一道最灿烂的阳光。

女人如果学会宽容，学会爱，学会让自己的精神和灵魂自由而随意，也就学会了快乐。快乐是女人一生最大的财富，有了快乐的心也就有了年轻的容颜，也便有了一个没有约束、没有失落的空间。

快乐的女人不被流行所困，连流行感冒也不跟进，省心、省钱；快乐的女人不当追星族，只管为邻家的小伙一副帅呆样而痴迷；快乐的女人可以使劲地掏丈夫的腰包，每次都略有收获；快乐的女人奔波江湖之上做女强人架式，回家搂住丈夫脖子做幸福状，随时做出欲冲出围城的样子，让众人捏一把泪，革命生产两不误。

快乐的女人也许不是出色的女人，但她却是掌握人生要义的女人。假如一个漂亮的女人不快乐，一个能干富有的女人不快乐，那么她们的漂亮和能干又有什么意义？

❀ 从今天起做个快乐的女人

做个快乐的女人，生活会有欢笑、有离别、有伤心、有感动，无论怎样，我们要学会用微笑面对生活的艰难和曲折；锅碗瓢勺自有独特而美妙的乐章，油盐酱醋可以品味生活的美味琼浆；只要我们不断寻找快乐，忘记忧愁，生活永远是积极而向上的交响乐。

做个快乐的女人，高兴地装扮自己，美丽的衣裳、苗条的身材、做个自信而快乐的女人。无论年龄大小，只要我们的内心不老，只要我们时时感受生活的美好，为大自然的美丽多姿、为生活的点点滴滴、为孩子的微笑、老人的健康，我们快乐着，为明天的理想和企盼，我们快乐着，为城市的万家灯火、为男人和女人真诚永久的爱情，为每天都升起新的太阳，我们快乐着、快乐着……

从今天起做一个快乐的女人，唱歌、跳舞、逛街、旅游、看山、看海、看冰雪消融、看春暖花开……

从今天起做一个快乐的女人，忘掉所有的烦恼，让自己的心插上翅膀自由的飞翔……

·为了自己的快乐，大声说"不"·

❀ 学会拒绝，女人会活得比现在更快乐、更幸福

许多女人必须通过别人的承认来获得自信，总是充满了害怕失去的念头，其实是一种不成熟的表现。拒绝，不意味着一定会带来孤独和

死亡，在很多时候，是人本能的害怕，就像害怕孤独和死亡一样。换句话说，拒绝本身也许只是一种表达方式，而不是真正的意思表示。拒绝是一种本能，是一种下意识。

在爱情上也好，在事业上也好，那些在生活中琐碎的场景也好，如果女人战胜了那份恐惧心理，学会拒绝，我觉得绝大部分女人，会活得比现在更快乐、更幸福。

看到杂志上写到这样一个例子。一个女人，他们家有一个不成文的规定，就是每到礼拜天，她的婆婆一定到他们家来，礼拜天她肯定要做上一桌子婆婆爱吃的饭，十几年如一日。她对这个事情的忍耐，已经到了一定程度，每到星期五，她就开始睡不着觉了，就提前感觉到了礼拜天那一份紧张。于是，她就自然恨那一天的到来。后来，就渐渐成了心理疾病，每到礼拜六的时候，她就开始有病，偏头痛。是真痛呀，疼得直往墙上撞，在床上打滚。然后，到礼拜天，她婆婆就不来了，头一天说，偏头痛第二天就好了。心理学家给她分析说，一开始的时候她就有一种潜意识，那一天真恨不得病了，厌烦透了，恨不得头疼，宁可疼死，都不愿意过那个礼拜天。于是想着想着，头就疼了。一开始是假疼，后来就开始真疼，到最后她就拒绝这一份疼，再后来乞求头别疼了，甚至愿意还每个礼拜给婆婆做饭，但是却不行了。

找心理医生看，心理医生就说这是因为她不会拒绝。她如果早一天说，哪怕结婚第三天就跟她丈夫说，哪怕结婚半年就说我不太习惯每个礼拜天，婆婆非得到我家来过，我们好容易有一个自己的空间，如果礼拜天需要表达心意，我宁愿买一些好吃的给她送去，然后我们回来享受自己这一份空间。如果她早一天跟丈夫表达，或者跟婆婆表达，丈夫也不一定非得逼着她，婆婆也不一定非得到她这儿来吃她做的这口饭。但是,她就觉得如果我拒绝,丈夫说我不孝顺怎么办呀!跟我离婚咋办,我婆婆到处去说我如何是好?说我这个媳妇就连礼拜天去她家过她都厌烦我,会落个什么名声呀!所以一考虑到这些,她就不敢拒绝了,宁可让自己身体出了问题,得了顽固的偏头痛病,也不敢拒绝。

这种不敢拒绝的心理,许多女人都或多或少地有吧?人有很多时候是不得已的。你在社会当中扮演各种角色,比如说面对一个孩子,他对你有所要求的时候,你看到他那种渴望的眼神,或者你一个行动真对他有帮助,你能拒绝吗?或者对一个老人,他对你有所指望,你明明这时候力不从心,你能拒绝吗?这个时候我觉得人还是要真实一些为好。

真实包含两个方面,一是对自己,一是对别人。人这一生怎样才算没有遗憾呢?就是我尽力了,那就没有遗憾。这一刻我有多大的能力,我尽了,对别人,对自己,我也只能做到这一点。**然后,可以随时随地学会拒绝。比如别人向我借钱,我兜里只有 10 块,你偏要借 11 块,那我不能为你再去负债,就是这个原因。**

🔥 学会拒绝的女人,会拥有更多的机会

人性当中有很多特别可怕的东西。在《读者》杂志中看到过这样一个小故事,是一篇外国的译文,说有一个人每天在他上班必经的一个街角都能遇到一个乞丐。他每次见到这个乞丐的时候都给他五便士,或者稍多一些,天天给,一连给了好多年。后来有一天不知道什么原因,他就失业了。那一天他又走到了这个街角,他看这个乞丐,心情很复杂,他没有钱给他了,他们俩再也不是那种关系了,然后就很抱歉地看着他。这个乞丐等了他一会儿,看他没像往日那样给他钱,乞丐就勃然大怒。因为日子久了,这个乞丐已经依赖于他这种生存方式了。那么多年养成了一个习惯,

30 几岁的女人美丽箴言

变成他是他生活中的一份拖累,他必须得供养的对象。

某种程度上你对一个人好,当好成了一种自然,好成了一种习惯的时候,别人就会依赖于你。你不再继续给他了,他就会痛苦,就像你给孩子断奶似的,本来你不给,也没有什么罪过,但是你突然给他断奶,他会很愤怒,你为什么不给我吃了?因为他觉得我已经失去了学吃饭的机会,我一直就吃这个!

学会拒绝的女人,会拥有更多的机会。一个人的空间是非常有限的,只有扔出来许多不应该占领你空间的东西,才能有很多新东西进来。

🌸 做一个有美丽、有智慧、有思想的、善于拒绝的女人吧

善于拒绝的女人是美丽的女人。

善于拒绝的女人必定是一个负责任的女人。因为她有着强烈的责任心,所以当她面对外界变幻莫测的诱惑时,首先想到的是爱人、孩子、家庭,哪怕那个诱惑具有难以抗拒的魔力,她也要坚决抵制,因为她每时每刻都不想因自己不当的行为伤害爱人、孩子和家庭。此时,她因尽责而美丽。

善于拒绝的女人必定是勇敢的女人。面对潜在的性骚扰,她毫不含糊,严词拒绝,不幸遭到性骚扰,她敢于揭发色男的丑行,敢于发动大家声讨色男,敢于依法追究色男的责任,并且绝不再给色男任何骚扰的机会和余地。此时,她因勇敢而美丽。

善于拒绝的女人必定是一个光明磊落的无私女人。因为她一向行得正,走得直,作风正派,所以面对色男的不轨图谋,她会坚守清白,绝不给色男染指自己的机会。也许,她会遇到自己心仪男人的诱惑,因为

无私,她宁愿错过这样一个机会,也要将责任进行到底。此时,她因正派和无私而美丽。

善于拒绝的女人智慧。当女人独处时,当女人投身于社会中,她遇到的诱惑可能千奇百怪,可是,因为她有智慧,所以她善于察言观色,善于洞悉男人的心思,善于将问题考虑得周全长远,即便是拒绝,她也善于因人因事因情因形而异,或坚决拒绝,或委婉推脱,或善意提醒,或及时抽身,总之,她善于把握时局,纵观高低,横观风向,既能巧妙回绝,又能杜绝麻烦。

善于拒绝的女人有思想。她喜欢思考,对世间万象都有自己独到的看法。她不是墙头草,不会随风倒,哪怕是好友的怂恿、旁人别有用心的劝说,只要违背了她的思想和做人原则,她绝不会稀里糊涂受他人支配和影响。她的人格是、她的思想都是独立的,因为她很有主见和良好的判断力,所以她很"精明",不会给不怀好意的色男留有任何机会。

善于拒绝的女人真的很可爱,她值得每一个好男人认真地去爱,也为每一名女性朋友所欣赏,既然如此,那就让我们行动起来,努力做一个有美丽、有智慧、有思想的、善于拒绝的女人吧。

第九章　现在的你必须要「理财有道」了

　　有人说过，女人在自己还算年轻时世俗点是为了在以后渐渐老去的日子里不再劳碌。这样的话是有道理的，毕竟美貌不是可以永恒的东西，一定要在自己年轻美貌的时候为将来储存点可以看得见的实惠。当然这不是一种不择手段，而是女人做出的一种明智的选择。

　　听起来或许有点俗，但你不得不承认，这就是生活的现实，柴米油盐酱醋茶。人活着就是一口气，尊严和面子，而验证的指标之一也包括经济指标。谁都向往美丽的生活，有车、有房、有存款，我想你也不例外。

　　做幸福女人，首当其冲的是要经济独立！女人要有赚钱的本事、更要有理财的能力，这样才能实现自己的梦想，才能让生命更有活力。

·经济独立才能活得美丽·

❀ 金钱能让我们轻松自如、扬眉吐气

　　当小雪站在我面前，我被她鼻青脸肿的样子吓了一大跳，只见她眼角有乌青，嘴角有血痕。

　　小雪的老公很能干，他们结婚后，老公觉得一个女人在外面抛头露面

有伤大雅,极力建议她在家做全职太太,小雪拗不过老公,就答应了。

一开始还好,可是慢慢地,老公觉得小雪没有一点独立能力,只能靠他养着,他开始有点看不起小雪了,再后来居然对小雪时不时地大打出手。

昨晚小雪又挨打了,做饭的时候,老公说她家务做得少了,她争辩了两句,说自己因为最近身体不适,小雪希望老公帮她分担一些家务,可老公却暴跳如雷地怪怨她一分钱都赚不回来还那么多事儿,她顶他说我又不是你的保姆,结果他发疯一样冲上来狠狠扇了小雪一个耳光,当时一只耳朵一下子就听不到声音,到现在还在耳鸣。其实结婚前老公对小雪还不错,可是就因为婚后小雪经济不能独立,才导致了这样的后果。

生活中,婚姻的不稳定给很多女人带来了很大的伤害。

婚姻对每个女人内容都是不同的。原本婚姻应该是幸福美满、终老一生的。可是并不是所有的婚姻都可以白头偕老,永结同心。对有些女人来说婚姻根本就是一场生活灾难,因为并不是天下所有的男人都是好男人,那些所谓的好男人也不一定适合自己。

所以,无论已婚还是未婚的女性都应该保持经济独立为好。老公有钱给你花那也是他创造的,那么,花自己赚的钱不是更有意义吗?即使离婚也不用担心生活的问题,因为它对每一个女人来说内容都是一样的,不管我们的爱人还在不在我们身边,是否还关心我们,金钱都能让我们轻松自如,扬眉吐气!

❀ 女人就是要有钱

对任何一个人来讲,只有经济独立才能获得真正的独立,所以,"女人就是要有钱"的观点我是完全赞同的。**女人要自立,不能有"靠"的念**

头，因为"靠山山倒，靠人人跑"，只有靠自己最好。一个女人只有经济上独立了，在生活中才会获得心理上的安宁。

女人只有经济独立才能缩小和男人的距离：

如今社会讲究男女平等，但真正落实还是有一定差距的，大到一个团体、小到一个家庭，男女的地位平等还是有别的，就拿一个家庭来说，女人经济上的收入要是不稳定，或是没有自己男人挣钱多，那她在家说话与做事就没有男人那样的地位，而且腰挺得也不直，想要干点什么事也只能看男人的脸色。如遇到一个脾气好、知道疼人的男人还能说得过去，若遇到一个小心眼又很小气的男人，把什么都算计到家的男人，那只能是花一分要一分了。所以只有自己经济独立，才能和男人平起平坐。

女性只有经济独立才能自立：

退回到以前的年代，女人没有地位，更谈不上当家做主，嫁到男人家既要孝敬公婆、又得侍奉男人，外带围着锅台、带着孩子，打理家里的一切，男人稍有不如意、不顺心，还会恶语伤人、甚之拳脚相加，女人如同他们买来的商品，但商品还能退换，可以往的一纸休书连换都不能换，只能休回娘家。所以说女人没有经济收入，只能是一只待宰的"羔羊"。换成现在的年代，自强、自立的经济女性还怕男人"休"吗？还不定谁"休"谁呢。

女性只有经济独立才能活出自我：

随着时代的发展与进步，女人已从以往的附属地位转到现在的独立，女人在各行各业崭露头角，和男人一样创造同等的价值，女人经济独立了，不必担心自己的生活，也不用靠男人来养活，更不用看男人的脸色，想怎么活就怎么活，不要浪费短暂的生命，无论美与丑、胖与瘦，天天高兴、开心。

归根结底，女人只有靠自己才能活出自我，靠青春、靠容貌、靠身材、靠他人只是一时，只有经济独立，才能自立、自强，才能更好地展现自我。

即使被男人抛弃，也不会因为没有经济来源而苦恼

女人不要把自己当花，因为花儿总有凋谢的时候，女人只有把自己当成树，才能经受风雨，才能开花结果。女人永远不要指望别人，即使你真的能够依靠某人。

身处在当今社会的女人，应该感到庆幸。一个崭新的社会制度给了我们相对广阔的空间和自由。女人业致富已经成为一股不可阻挡的潮流，在这个以男人为主导的社会里女人的力量迅速扩张，女人在承担传统角色的同时，完全可以实现自己的梦想。

杨澜、李亦非这些秀气十足而又颇显霸气的名字，相信每个女人都不会感到陌生，更让那些强硬做派的男人们频频咋舌。在她们的背后，还有一层更加深刻的内涵：强大的榜样感召力让女人相信，属于女人的那半边天越来越宽阔和晴朗。

但是，不管我们承认不承认，在现在生活中，女人或多或少会面临世俗的束缚和性别的歧视，女人往往需要更多地证明自己。比如说，一个男人获得某种成功后，其他男人觉得：可以和他做生意了；但一个女人往往需要做几件事情来证明自己，才能获得他人的信任。因此相对来说，女人付出的要比男人更多！

尽管，女人在创造财富上有些阻力或者性别劣势，但是我们也要看到女人得天独厚的优势，如性格坚韧、直觉敏感、细致入微、强大的母性感染力、魅力等等，都是女人通往财富之路的资本。

杨澜在总结自己成功的秘密时，对女性朋友们说了这样一段话：

"女人要有财富规划观念,摒弃女人在创富中更容易出现的患得患失,要像男人一样有开拓勇气,敢于冒险;还有,协调能力很强的女人容易成功。现代社会,赚钱的过程其实就是一个协调各种资源的过程,这时与人沟通的能力、说服别人表达自己的能力都十分重要。"

所以,女人一定要有自己的工作,有一定的经济收入,在家庭中才会有一定的地位,在社会中有自己的社交圈,才不会失去以往的魅力。即使被男人抛弃,也不会因为没有经济来源而苦恼、没有社会地位而忧郁。

女人,有了钱就有了选择、有了地位,更重要的是,还原了女人爱的能力。

·理财从攒钱开始·

攒钱是理财的起点

一个人一生的收入来源于两个方面:一方面是工作收入,另一方面是理财收入。孔子云:"君子爱财,取之有道;君子爱财,更应治之有道。"这里说的"取"就是赚钱,"治"就是理财。一个人赚钱能力再强,如果不会理财,到了晚年还是会落得两手空空,为衣食忧愁。

大多数人认为理财只是有钱人的事,跟每天为生计而奔波的人似乎没什么关系。因为在他们看来,理财的前提是"有财",而每月那点工资,似乎用不着怎么"算计"。

事实正好相反,低收入家庭往往更需要理财,因为合理安排有助于消费"有的放矢"。理财的目的并不是要你省多少钱,而是要更合理地用钱。相对于高收入家庭来说,减少"资金流失"对低收入家庭的影响往往更大,他们更应该懂得怎样让有限的资金经过合理分配后产生最大的作用。

那么如何理好财呢?要从攒钱开始,攒钱是理财的起点。收入是河流,财富是水库,花出去的钱就是流出去的水,只有留在水库里的才是你的财。要想攒住钱,就要一生养成量入为出的习惯。还要注意:女人要尽量克制冲动消费。女人在消费方面的自制力会比男人稍差一点,但要让一个女人完全像男人那样去消费,是不可能的,如果那样的话,女人就不再是女人了,女人也就不再可爱了。但是过度的消费会使你无财可理。信用卡在女人消费的过程中扮演了重要的角色,要慎重使用信用卡。我一直认为信用卡是冲动消费的罪魁祸首,它会造成人们的无感觉消费,因此抛掉手中的信用卡是克制冲动消费的一个很好的方法。当然,如果你认为有必要,留一张在手里也可以,但平时少用它,尽量使用现金付账,这样你就会少花一些钱,为你的水库多存些水。

学会花钱比学会赚钱还要难

有句话说"莫欺少年一时穷",只要小心守护自己的薪水,还是可以告别月光族的,甚至拥有自己小小的财富,这笔财富,说不定是你日后投资的起点、事业的支柱呢。

其实,生活中"赚多少,就花多少",没有什么清楚的理财概念,要实现自我梦想及打造幸福人生真的是很困难的。想要当一位有雄厚经济实力、令人羡慕的美丽佳人,你必须聪明地存到足够的"本钱",不能在金钱游戏中打迷糊仗。通过专业的力量来明智地管理财富,达到经济上的稳固,你才有实力可以大方地定义属于你自己的幸福。

有人说"学会花钱比学会赚钱还要难",如果你是一位对存钱理财毫无计划的人,到最后,你真的有可能会比任何人都要穷!

对于那些消费冲动型的女性,可能经常会有不经意的花费,但如果有心,可能真的可以赚到钱。最好的方法就是,运用不同的方式来打造自己的黄金存折,比如一部分钱作为定存或者买保险,或者定期定额地买基金作为稳定的投资,另一部分再拿去做短线投资,这样不仅有机会可以赚到高额的回报,也不致在一夕间花光自己的辛苦钱。

懂得理财,就可以不当钱的奴隶

张婷收入并不高,每月大概有4000元的收入,但是,毕业4年多她却独立攒够了买房子首付款,先于很多收入高于她的同学买了住房,令人大吃一惊。

省钱,省成"记账婆"

张婷1995年,高中毕业,她考上了华南理工大学会计系就读。只身到广州读大学的张婷开始了充满幻想的大学生活:上课、泡图书馆、看电影、逛街、购物……不过,与同学不同的是,她做每一件事都很有计划性——家里给她的零用钱并不少,但她仍然会把每一笔开支都记下来,到月末再总结一次,看看哪些开支不合理。一开始张婷把花销全部记在本子上,自从网络里流行在线记账后,张婷选择了一个免费的网络在线记账网站——财客在线(www.coko365.com)进行记账,因为财客在线具有功能强大、记账方便、一目了然等优势。

对于她的这种习惯,她的男友、就读于暨南大学中文系的张宾又爱又恨，送她一个外号——"记账婆"。

节财，"滚雪球"计划

参加工作后，张婷就和男友商议，由她负责攒钱，争取不需要家里资助就可以供房结婚。为此，她开始了"滚雪球"存款计划。

毕业后的一年，张婷收入并不高，每个月税后只有 2400 余元。她白天上班，包午餐，晚上坐公司的车回广州，住公司宿舍。宿舍不是全免费，每月需要交 200 元的房租及管理费；下了公司的车后，还需要坐 3 元的地铁才可以到宿舍。算下来，她每月花在住宿和交通方面的开支大约 350 元。为了节约生活费，她晚餐一般自己做饭，或者到附近广东教育学院的食堂里买饭票打饭吃，平均下来每天 6 元左右，一个月 180 元。

此外，由于她已经工作，和男友一起的开销一般是她出，加上平时自己购物、交际费用，每月还需要花 400~600 元。

张婷把每月的剩下 1300~1500 元做了合理的规划，在前两个月购置了一些生活消费品后，从第三个月开始，她每月发工资之前都将余钱存入一年定期。通过这种"滚雪球"式的存款的理财方式，到了 2000 年年底，加上她领到的年终奖，她的银行存款就已经达到 25000 多元了。

习惯，不合理的要改掉

2000 年 9 月，张婷参加工作后一年，工资涨到了 3000 元，税后可拿到 2800 多元。工资多了将近 500 元，张婷又做了决定：除了每月定期存款增加 300 元外，给自己用于开销的费用增加 100 元，再花 1000 多元为男友买了商业医疗保险，算下来也是每月 100 元。

和普通女孩子一样，张婷也有逛街或逛商场的习惯，不过，她很有计划性，每次购物都是预先想好后再付诸实现。一次，张婷买了一件冬天穿的外套,后发现衣柜和箱子已经放不下了。整理衣服时,更发现有很多衣服已经很久没穿过。张婷顿然省悟,这是不合理的消费,她决定改掉。

财产,不断增值

2001年7月,工作出色的张婷被提升为财务部门副经理,月收入增加到了4000元。而这时,她的银行存款也达到了35000元。

有了初步的积蓄后,张婷决定给自己的存款增值。正好国家发行国债,她在咨询银行一些专家后,决定理财计划分三步走:35000元存款全部购买三年期国债;工资增加后每月可剩下2600元左右,每月存1600元定期,剩下的1000元则购买定期定额的共同基金,直接从账户里扣除。

张婷是这样考虑的:银行定期存款每月都有到期的,可以应付一些意外开销;2004年买房子时,三年期国债刚好到期,而且买国债能够保证收益;共同基金风险比较大,但平均收益比较高,可达到10%左右。三者结合起来,既能够增值,又能够降低风险。

到了2004年7月,张婷的国债到期,加上利息收入一共有38000多元;银行存款超过60000元;共同资金全部售出后,也有40000元左右。这时,张婷攒房子首期款的任务已经提前完成了。

女性应该尽早开始投资和储蓄,起步越早,成功的机会越大,越年轻开始充实财经方面的常识越有利。女人懂得理财,人生就可以由自己来掌控了。女人有钱,不只是为了追求享乐,为了拥有名牌包包,而是要找回自己。懂得理财,就可以不当钱的奴隶,就可以提高自己的生活质量,当然,绝对不能为了金钱而不择手段。只有这样,人生才是你的!

·最聪明的消费观念·

🌸 理性消费才可以拥有高品质的生活

现在有很多粉领女性、单身熟女,甚至是年轻的妈妈族,因为消费不节制,而成为"月光族"、"透支族",甚至是债台高筑的"负债族",然后跻身"跳楼一族"。**看来,聪明消费,真是女性朋友一个非常重要的理财课题。因为,花钱消费,应该是要让自己的生活过得更好,而不是要让自己背负债务,甚至要花费掉自己的养老钱,那还真是得不偿失!**

曾有份调查表明,在 25 到 35 岁年龄段,有 93.5%的女性有过各种非理性消费行为,比如受打折、朋友销售人员的撺掇、情绪、广告等影响而进行的"非必需"的感性消费。

女性的非理性消费有几种不同表现。第一种是受打折、促销、广告等市场氛围的影响;第二种是受气氛的影响;第三种是情绪化消费。女性的购物消费很容易成为一种缓解压力、平衡情绪、宣泄无奈的方法,有时还是表达快乐的方式。

奢侈浪费、精打细算、适度的理性消费习惯分别是在女性的不同消费状态时体现出来的,要保持一贯的适度理性就需要女性保持理智,而理智得靠女性自身的控制力。而适度理性的智慧消费型女人才能拥有最多的美丽。

奢侈浪费型:这类女性在消费的时候大多数时间花钱大手大脚,只图眼前之快,只要口袋里还有一分钱,总要把它花完,这样的女性消费几乎没有计划性,但她们对未来却充满了信心,对储蓄漠不关心。这样的女性在选择化妆品的时候总是图新鲜,比如与朋友一道逛商场的时候看到朋友涂上了漂亮的口红,自己便也要买来试试,后来发现不适合自己,只好转送他人,结果等到自己需要的时候却发现所有的口红都不能配合衣服的色彩。

过分精打细算型:这类女性通常在购买东西的时候总是陷入矛盾之中,因为许多想要的东西价格往往不符合预算。这类女性在平日的消费中经常处于一种紧张状态,她们对未来的担心总是大于希望,每月银行卡的数字增多一点就是她们最大的乐趣。当然这其中也有部分女性确实经济能力有限。

理性适度型:这类女性如果需要一支口红或者粉底什么的,她们会把口红或者粉底要花费的钱从其他支出中节省出,她们购化妆品的时候考虑价格的因素要大于其他,该用眼霜的年龄到了,她们会说以后再考虑,因为眼霜太贵,结果眼角的皱纹越来越多。她的生活总是缺少色彩和快乐。该消费时就消费是这类女性的特质,有时候她会花一个月的薪水购买一件优雅的礼服;有时她会吝啬购入一个廉价粗糙的装饰品;有时她会对新上市的时髦流行物不屑一顾;有时又在打折高峰期疯狂地选购。**因为有的东西通过她的智慧进行灵巧的搭配都不会落伍,她一样可以拥有高品质的享受。这类女性对于生活也有着智慧的理解,她们既保持对生活的高品质,又保持对未来的进取,从容不迫是她们理想的生活状态。**

你一定会想，消费与节约的平衡点到底在哪里？有没有聪明消费法？当然有！

美国的伊科诺米季斯一家被称为该国"最节约的家庭"。这个7口之家的年收入大约为3.3万美元，低于美国家庭的年平均收入(有关统计数字大约为4.3万美元)，但是由于成功地实施了"省钱战略"，这个普通的家庭如今在美国一举扬名。

例如，他们全家每月在饮食方面的花销仅为350美元，而美国一个普通的4口之家每月光吃饭就大概要花费709美元。那么，伊科诺米季斯家到底是如何科学节约的呢？

1.每个星期只购物一次：因为逛得多一定会买得多，花得多。

2.穷追不舍买便宜货：每次到超市购物，他们都会在购物架前仔细地来回逡巡，寻找要购买物品的最低价格，而且直到找到最低价才买东西。

3.购物一定要有计划：他们每个月都要根据家中需要，制订详细、合理的购物计划，甚至要提前将每顿饭的菜单设计好，写在账本上，做到心中有数。

4.提前购买节日物品：每逢重大节日前，伊科诺米季斯一家都会提前购买一些节日所需物品，并储备起来，以防节日时涨价。

5.巧妙利用购物优惠：当许多商场、超市促销推出购物优惠活动时，他们一定会经过反复比较，以最优惠的办法买下所需要的物品。

6.提前预算不立危墙。

7.永不花费超过信封内总金额80%的钱：从结婚初期，伊科诺米季斯夫妇就开始每个月把家中的钱放入一个个信封，分别用于买食物、衣服、汽油、付房租等，而且永远不花费超过信封内总金额80%的钱。

8.抓住机会，想办法赚钱。自从在美国打出"科学节约"的名气后，伊科诺米季斯家经常成为访谈节目的主角。为了方便回答观众提问，他们家成立了专门的网站，介绍各种理财的好方法，但是人们必须付费，才能在网上学到他们家的"省钱真传"。

✿ 把钱花在刀刃上

商品功能不是越多越好，选择适合自己的商品才是最重要的。一位朋友去年在买彩电时就遇到了这种情况。彩电商品琳琅满目，功能五花八门，他看中了一台日本产的彩电后并未立即购买，回家之后找了一个在电器维修部工作的朋友咨询了一下此彩电的有关情况，得知此彩电的许多功能(如高清晰度、多种模式、数字信号等)在中国内地是没有任何意义的，因为这些功能对传输线路有较高的要求，国内尚无法满足这些功能的基本要求，因此这些功能是华而不实的。最后他购买了日本另一品牌的彩色电视机，在相同尺寸、相同显示效果的前提下节省了1000多元的费用。总之，购物要讲究物有所值、物尽其用。

聪明的女性会时时刻刻盯紧自己的收支状况，身边会有一个小账本，把每天的消费支出都记下来，然后每个月进行比较总结，看看哪些钱该花，哪些钱不该花。然后在下个月消费时就会注意，从而节省开支。收集发票也是一种简单的记账方法，因为收入多半是由公司直接存入户头，支出较为复杂。将发票按日期收纳好，不但可以兑奖，还可以从中分析出自己在衣食住行上的花费。

有人说，美丽的女人懂得投资外在，聪明的女人懂得投资内在！做个内外兼顾的美丽女子，做好预算，把钱花在刀刃上，就是最基本的理财功课。充实自我的理财观念，你才能让每一分财富，都能在生命中恰到好处地发挥作用。

·巧用手中的"理财卡"·

🔅 "卡奴"也会从"负翁"变成"富翁"

你是一个美女、才女还不够，想做一个独立自主的现代女性，你还得是一个财女——高财商的女性。你不仅要懂得赚钱，还要懂得理财，学会投资，为自己计划一个安全美好的未来。从现在开始，从消除自己对理财的误会和抵触做起，把自己修炼成一个财务自由的新财女。

时下，信用卡作为一个便捷的支付工具已经越来越普及，然而，由于其消费信贷功能的便利性，往往容易使人在不知不觉中超支，卡越多，负债越重，让越来越多的持卡族变成了"卡奴"。

其实，"卡奴"的出现完全是持卡人对信用卡的理财功能不了解的缘故。了解了信用卡的理财功能，"卡奴"也会从"负翁"变成"富翁"。

因此，我们应充分发掘每一张卡的功能，掌握更多的信用卡知识和使用技巧，实现消费和理财两不误。

阿琳是一位办公室文员。婚前，阿琳是办公室出了名的"小迷糊"，她的脑子里毫无理财观念，每月赚多少，花多少。到了月底，不但"月光"，还负债。问她钱都花到什么地方了，她耸耸肩，一脸的茫然。为此，同事们戏称她为"糊涂式月光族"。

去年阿琳走入了婚姻。为了在这个城市有一个栖身之地，她与老公按揭买了一套住房。每月还3000多块钱的贷，让阿琳确实感到不小的压力。阿琳意识到，在理财上不能再这样糊涂下去了，必须改变"月光"的现状。

于是，阿琳开始精打细算过日子。几个月下来，居然还小有成就，不但摆脱了"月光"，还手头有了节余。这让办公室的同事们大为惊讶，问其理财秘诀，阿琳坦言：巧用信用卡。

第一步：巧用信用卡记账。阿琳的所有消费都用信用卡刷卡(包括网上购物)，到了月底，把信用卡账单打印出来，就是整月的消费记录。然后进行总结分析，看看哪些消费是非理性消费，哪些是合理消费，在下月消费的时候，重点注意。

第二步：玩转分期购物。当下分期购物开展得可谓风生水起。从大件的电脑、液晶电视到小件的服饰、日用消费品，几乎大部分都可以通过信用卡分期付款。因此，阿琳家里大部分家电，都是她用信用卡以分期付款的形式买回家的。对于持卡族来说，玩转分期购物，分的是每次的付款金额，增的是他们对于生活质量的期望和实现。有了这招锦囊妙计，不管是家电产品、休闲消费，还是借"卡"生钱，就不仅仅是个想法而已了。

第三步：巧用免息期。信用卡的基本功能就是透支。而在免息期内(一般最长为50天)还款，银行是不收取利息的。作为普通消费者，大可以算好消费日期和还款日期，使自己最长期限占用信用资金。在一些比较大的消费时，我们都可以利用信用卡的免息期来支付。阿琳的做法是：先跟银行签订一个全额还款的账户，日常消费就使用信用卡。如果手里有两张以上的信用卡，就可以利用各卡不同的结账日来拉长还款时间。白白用银行的钱买自己需要的东西,而自己的钱却可以在免息期内做投资,为自己创收益。

第四步:巧用信用卡积分获得实惠。目前,各个银行都会给持卡人计算消费积分,不同的积分水平可以换取不同价值的礼品。有些银行还会在一些重要的节假日进行信用卡促销活动,比如多倍积分、刷卡送礼、刷卡折扣、积分抽奖,等等。我们平时留心一下这些活动,就可以获得很多惊喜,得到更多实惠。深圳发展银行去年推出一款可用积分抵还月供的信用卡,阿琳巧用此信用卡,将所获积分经过返点折现后,直接抵扣当月的房贷月供,从中得到了实惠。

第五步:巧用联名卡。很多银行为了加强与商户的联系,往往会推出联名卡。这类卡的好处除了可以换取消费积分,还有一个更大好处就是购物可以打折。这种折扣不同于商家的日常促销,联名卡的性质跟会员卡的性质基本一致。

第六步:巧选银行。各银行由于经营方式、规模等不同,对银行卡的相关收费也不尽相同。比如,银行卡年费有的银行收,有的则不收;异地取款有的银行按 1%收费,有的则完全免费;另外,用银行卡汇款的手续费标准也有很大差距,有的最高收 50 元,有的最高仅收 10 元。所以,根据自己的情况和银行网点的布局,选一家相对方便、实惠的银行,也是一种省钱的方法。

聪明的女性持卡人如果懂得避免年费的支出,并且还能够充分了解银行"红利积点"的方式,那么,信用卡不但会为你带来理财的方便,还能因为你的使用而让你"享受"到一些福利呢!试试看,你会发现原来自己每个月可以攒下至少一半的薪水!

把"拼卡"当理财，既节约资源又结交朋友

和阿琳不同的是，小梅有一套独特的新消费主义，那就是："拼卡"。

"美容卡打折了！要拼美容卡的进来！"这是拼客论坛里的一张普通帖子。小梅正好也想在这家美容院办张卡，可3000元的无计次年卡太贵了，而且小梅一个人用太浪费，要是能找个人分担一半，那才划算呢。小梅赶紧点击瞧瞧，很快达成协议。两个人拼卡，小梅只要付1500元，就能享受一年的美容服务了。

现在的都市女性，哪个钱包里没几张卡。但如果不好好利用，这些卡说不定就成了"鸡肋"。精明的"卡族"们会把"拼卡"当理财，既节约资源又结交朋友。

所谓的拼卡，就是让"卡"发挥最大价值！两人或多人合办一张卡、共用一张卡，也可以是各自不同的 VIP 卡相互借用(助人又积分)，比如购物卡、游泳卡、健身卡、美容美体卡等，由于这些卡一般都有使用期限，一个人很难在规定的期限内用完一张卡的使用次数，很难发挥卡的最大价值。这样几个人合用一张卡，就可以降低每个人的成本。

几乎每种消费类卡都有一个特性:办卡级别越高优惠越大。而对于个人消费来说，类似"团购"一样的大额卡常常英雄无用武之地。好比前面提到的美容卡，花3000元买一张无计次的美容年卡，算单次确实得了大便宜，但对于小梅来说，一年做上多少回美容才算划得来呢？再说了，也不能因为占便宜不顾自己的脸啊。但如果有人可以共同承担卡费、分享优惠，问题就迎刃而解了。

小梅还有一张某品牌服饰的贵宾卡，这家品牌店要一次消费满千元才能办贵宾卡，小梅一个人负担不起。几个星期前，她拉上两位好友，各自买了该品牌的新款外套，加起来刚好超过1000元。小梅凭着三张

收银条搞定了该品牌的 VIP 卡，今后她们三个人每次去消费都可以享受八折优惠了，提前享受了贵宾的待遇。

虽然"拼"的是卡，但最终目的还是想省钱，拼卡族们最怕的就是人卡两空。所以，和熟人一起拼是最安全的，有得商量，省心很多。现在很多人在网上找拼卡的对象，和陌生人拼卡，一定要提前协议好结算，在用卡时间上也要商量好，免得出现冲突，造成麻烦。卡的存放也是个问题，和陌生人拼卡，一定要事先注明每次用完卡放在谁那里，让双方都安心。

·有车有房有奔头·

🏵 车和房对女人意义重大

车和房对女人意味着什么？意味着拥有自己独立的生活空间，能无拘无束地按自己的方式生活。有自己的车和房子，不只是物质的占有，还是精神的独立。因此，女人为了得到这两样，八仙过海，各出奇招。

毕业 6 年了，刚刚 30 岁的小王已经加入了有车有房一族，不仅招来了很多同龄人羡慕的眼光，同时也让很多至今房、车都没着落的"年长者"自叹不如。有人禁不住要问：这小子哪来的这么多钱？事实上，小王提前实现车房梦想与他精明的理财之道是分不开的。

由于是学财经的缘故，小王很早就对证券投资产生了浓厚的兴趣。早在大二时，小王就开始炒股，用他自己的话说就是"学以致用"。

可是，自己就是一个穷学生，除了生活费外没有多余的资金，拿什么去炒？当时，正赶上1999年国家对高校大学生实行助学贷款政策，小王申请了5000元助学贷款，作为炒股的本金。小王知道助学贷款毕业后是要还的，而炒股本身又存在很大风险。所以他只在股市中投入了3000元，把2000元存在银行作为"安全账户"，以防不测。由于当时股市还处于牛市，再加上日益成熟的操作技巧，小王出手不凡，买入的股票几乎全部盈利，他把盈利部分全部都存在"安全账户"上，直到账户余额显示为5000元时，他舒了一口气，他已经不欠银行了，接下去赚的钱都属于自己了。这样，在大学时，在还清助学贷款后，他的股票就为他赚了1万余元。

转眼就毕业了，小王进入了一家大型国有企业工作。由于家在外地，单位给他安排了宿舍，当时，小王就有了买房的念头。可是，在寸土寸金的京城买房谈何容易，动辄几十万、上百万的房价对一个刚毕业的大学生来说简直就是天文数字，但小王为自己制订了一个收支计划，核算了自己目前和将来的财产，初步预算，工作2年后，自己的存款可以达到8万元左右，这样，房子的首付就可以解决了。在这期间，小王非常关注楼市并注意比较各楼盘的性价比，最后他把目标锁定为经济适用房，并在两年买房期限快要到的时候排上了号。工作期间，由于小王的努力，工资不断增长，日常奖金和年终奖等也是节节高涨，再加上平时比较节俭，开支较少，两年下来，小王的户头上已经有了10万元。首付8万，小王在银行办了30万元的公积金贷款，这比商业贷款要便宜一个百分点，房子问题就这样解决了。

由于所买房子离工作单位较远，买车自然成了小王的下一步打算。盘点一下买房装修后剩下的资产已经所剩无几，小王决定再用一年时间来筹钱买车。由于车价掉得很厉害，考虑到自己的承受能力，小王决定买价格在 10 万元左右的经济轿车。后来，小王转了很多次车市，一个偶然的机会了解到团购可以省下一笔钱，于是在网上征集了一批有同样需求的人，在自己资金基本到位时，买下了一辆心仪已久的银色凯悦。据他计算，团购要比单独买省 7000 多元。

就这样，毕业仅三年时间，小王把房、车这两大问题都解决了。小王把自己的理财之道总结为：先给自己设定一个目标，然后利用最经济的手段去实现它。现在已是车、房无忧的小王对理财还是乐此不疲，他目前仍在做股票、基金等投资。"把财理好"已经成为他一生的追求。

🌼 最实用的理财心得

小王说：这几年，我的理财心得是：

1.社会竞争，不进则退，要想赚钱，个人要在知识、学历、身体、心态、人际关系上做充足准备，机会不会光顾无准备的人。

2.善于在别人不屑一顾的工作中发现机会。我刚毕业时在公司接手别人认为没油水又辛苦的工作，因为我踏实勤奋，赢得了客户的信任，才有了表现的机会，并赚了第一笔钱。

3.吃小亏、占大便宜。吃小亏本意不是为占便宜，在与人交往中不要太精明，不要太算计，吃点亏也许会带来意想不到的收获。

4.支出要与收入相匹配，所谓量入为出，崇尚理性消费，购物讲究实惠和性价比。不小气，不浪费，不攀比。减少消费性支出(小轿车)，适度增加资产性支出(房产)。

5.不管收入多少，都要计划经济，学会攒钱。钱是赚来的，也是攒出来的。

6.合理投资。有了一定积累后，当然追求资产的保值和增值。在选择投资工具时要与个人的风险偏好相结合。我以为家庭理财最好以追求稳妥为主，因为上有老，下有小，工作压力大，高风险不适合我们，更何况中国的资本市场未必高风险高收益。

7.心态平和，切忌贪，贪和贫之间仅有一字之差。做风险大的投资，一定要有止损原则，这是铁的纪律。

🔥 车和房是情感的保护地，是心灵的避难所

对于女人们来说，她们都有一个共同的想法：希望拥有自己独立的生活空间，能无拘无束地按自己的方式生活。

她们并非是想占有物质，而是想拥有独立的精神。这是她们想拥有车和房的最深层的原因。只有当她们处在属于她们自己的空间时，才会感到安全和平静。车和房对她们来说，是情感的保护地，是心灵的避难所。

女人们想拥有车和房，归根结底，其实质是要求男人们给予她们心灵上独立的空间，她们能用感情上这个属于自己的房子装入她们自由的思想和独立的人格。

女人要求有自己的车和房子，这不仅仅是社会物质的进步，而且是女人思想的进步！

·靠什么都不如靠保单·

✿ 现在开始重视自己的"女性保险"吧

之前著名歌手叶凡因乳腺癌不幸去世，又一次激发了广大女性朋友对自身健康的关注和爱护，又一次促使女性朋友认真审视自己的身体状况。

当二字头的年龄划向尾声，以往无忧无虑的都市女性会突然发现生活里多了些不浓不淡的阴云，生宝宝有多大风险？得了重病怎么办？未来的退休金又该从哪里变出来？30岁，怎么样才能做到有"险"无惊？

30岁，面对这么多复杂的问题，一向重视安全感的女人渐渐变得有些恐慌，她们急需外来强有力的支持与保障，于是很多人都选择了购买保险的方式来作为自己长久的依靠，据统计，30岁至35岁的白领女性是中国女性保险支出最多的族群。但在选购了一份安心的同时，她们并不清楚这种投资，到底能为自己带来何种程度的收益与保障。

问问自己，你是否也购买了保险、或者想要购买保险，却对这方面知之甚少？现在，先来补充一下女性保险的常识吧。

什么是女性保险？所谓女性保险，是根据女性的生理特点和社会特点，而专门设计的保险产品。以前的一般保险，大都是男女不分的，而今女性的保险产品，更多作为一种"女人独享"的产品被消费者所接受。不仅更有针对性，而且去掉了一些并不适用于女性的保险功能，降低了保费。在交费方式、交费标准等方面也更灵活多样，女性可以根据自己的经济状况自主选择。目前国内推出的女性保险主要有三大类，第一类是针对女性为了美而做的付出进行赔付的保险；第二类是对于女性特殊时期保障费用的赔付，以及针对于女性易患疾病的保险；第三类则是在人身保障的基础上，还可以参加保险公司的分红、分享保险公司的利润盈余的产品。

🌸 女性保险的 N 种方案

已婚职业女性通常有了较固定的工作收入，对于生活也有了更长远的规划和期待值，因此在购买保险时有较大的自由度，亦成为保险销售人员的主攻对象。此时的女人们一定要结合另一半的经济和收益情况，仔细考虑购买的险种。

收入一般的已婚女性因为已经有了公费的医疗保险，在收入平平的情况下，所以可以只购买一些意外险作为补充，又或是投保价格较低的女性健康保险。并在此基础上选择具有分红性质理财功能的保险品种，以达到理财和疾病、意外、养老等综合功能，购买时，还可以根据保险公司的赢利状况，享受到分红。

以一位在事业单位工作的 30 岁秘书吴女士为例，她如购买某保险公司的×年期两全保险，在不同的时间发生意外，将会按年限领取主合同的数倍保险金额；如果合同满期日仍生存，则将获得该年度主合同的保险金额的满期金，同时在保险有效期内，还可以获得红利分红。而吴女士在购买前述保险时同时购买的附加重大疾病保险，20 年缴费，每年的保费支出大约在 500 余元，30 年内却可获得患重大疾病即返还全额 10 万元或部分保额等多项权益。

收入较高的已婚女性因为个人可支配财产较多，所以可承受保险公司推出的价格较高女性健康保险，另外也可以适当地考虑购买一些附加投资连结的保险或综合类险种。这些险种可满足个人更大的投资回报需求。但在购买此类具有投资色彩的险种时，应该注意既然是投资，也会有一定的风险性在里面，应该严格考查你的风险可能会出现在哪里。

离婚女性其实也属于单身女性中的一种，那么，重新过起单身生活的妈妈们又要在保险上特别注意什么呢？由于单亲妈妈的经济负担可能较双亲家庭重，所以应重点考虑孩子的医疗保险，特别是少儿重大疾病保险方面的支出。另外也要加强教育保险，这样不仅可以按一定比例给付孩子的高中、大学的教育金，还有硕士、博士的祝贺金等，甚至在投保人意外身故时，仍然能保证子女的教育费用来源。小小提醒：如果在投保过程中离婚，请一定及时办理保险合同的变更手续，否则如果出险，离婚夫妻双方都无法得到保险保障。

🌸 女人买保险的 N 个理由

在许多女人眼里，保险是女人最放心的依赖，是位从来不背叛的情人。它从来不会像负心的男人一样，扔下女人不管。风风雨雨中总是静静地陪着你，永远是一个温暖的怀抱，照顾呵护着你。

寿命对每个人来说都是公平的，女人最大的幸福是长寿，任何一个女人都有比男人多活 8 到 10 年的概率。女人最大的不幸也是长寿，任何个女人都有 8 到 10 年做寡妇的可能性。当男人离开你的时候，只有保险将成为男人的替身和最好的朋友，而且一直陪伴你终生。

有了保险的女人总比没有保险的女人尊贵，拥有保险的女人在与老公生活一起的时候好像总有另一个情人陪着，一旦因意外需要改变生活的时候，保险会给你带来身价和尊严，给你带来更多的选择和主动，拥有保险的女人更是女性能力和地位提升的体现。

女人和男人结婚是两个活生生的主体。虽然有一本结婚证明做保证，但这份保证是不牢固的，会因为一方的违约而终止合同，而保险与女人的结合始终是不同的，保险自始至终是忠实的，永远聆听女人的使唤，是永远不会违约的。

在女人眼里，化妆品是女人青春的代名词，但这只能使女人皮肤上的美丽，而保险给女人带来更多的是安心的无忧，充足的睡眠、愉快的心情，更能体现女人皮肤以内的美丽，让这份美丽更长久，更动人、更可爱。

在台湾，女人对自己金融资产的投入比例为：存款 38%，保险 36%。投资 26%。在日本，聪明女人选择男朋友也有"三高"标准，一要智商高，意味着小伙子会读书智商好；二要身材高，意味着将来"种子"比较好；三要保障高，意味着男朋友家庭有钱，又有爱心和责任心。

在许多女人看来，钻石生活让生活充满诗意，保险让生活得到保证。在广州和上海。许多女人既爱钻石更爱保险，如同男人爱江山更爱美人一样。保险在女人眼里是实在的，平时可当做是强制性储蓄，把钱管牢，一旦生病住院时可报销医药费，减少家庭损失；万一意外时，大量的按揭贷款有人偿还；投资时还可以得到稳定的收益，没有半点损失，而且免交所得税。这种满足感，对女人是最大的帮助。

第十章 心态归于平和，才能快乐生活

"无意苦争春,一任群芳妒,零落成泥碾作尘,只有香如故。"我在此歪解陆游的咏梅词,就是把女人比作梅,又有何不可呢?

只有香如故。一个成功的男人背后,必定有一个伟大的女人。

俗语说:家有贤妻,夫不遭横祸。女人心态是男人心灵的镇定剂,净化剂。

俗语说:没有女人不成家。女人的作用体现在一切生活的细微末节中。

俗语说:人生得一知己足矣。这个知己,红颜的比蓝(男)颜的好,她是男人奋发修身的原动力。

有一个国际谚语说得更好:民族之间的较量,就是母亲之间的较量。

感谢上帝,制造了夏娃!并赋于了女人平和、宽容、坚忍的共性心态。女人的心态,潜移默化地影响着子女、影响着男人,他们共同主宰着这个世界,没有女人的世界,不知将会是什么样子?

·平和者常乐·

用平和之心去感知一切事物

一架飞行于万米高空的客机，突然发生机械故障，飞机变成大海中的小船，剧烈颠动、摇晃，当一切排除故障的努力失败后，机长沉重地宣布，要求人们作最坏的打算。乘客们乱成了一团，哭爹叫娘写遗书的、咒骂机组人员的都有，只有一个老太太，安静地坐着，对周围的混乱充耳不闻。

飞机终于没有坠毁，迫降成功了。当人们欢天喜地，喜极而泣走下飞机时，那老太太神态平和，走在最后一个。难道她是一个傻子？不是！救援人员被这最后一个面色坦然、安然走下飞机的老人震撼了，问她为何如此镇定？老太太说："我去成都看我的二儿子。我的大儿子是个军人，前年因公殉职了，如果飞机不出事，我可以见到心爱的小儿子；如果失事，我可以早一点去大儿子那里，他好寂寞呀。"

还有一位中年妇女，她生了3个儿子，大儿子在刚升高中那个暑假下河洗澡不幸溺水而亡，丈夫痛不欲生，大病一场，而这位妇女劝说道："不要这样，大刚虽然去了，但最起码我们的二刚、三刚，他们不会再出这样的事了，我们现在要做的是找人教会他们游泳。"

多么伟大的母亲，多么可敬的平和心态呀！世人都说女人是弱者，女人真是弱者吗？因为女人不会像男人那样好勇斗狠？因为女人不会像男人那样争强好胜？因为女人不会像男人那样贪得无厌？

如果说女人是弱者，那为什么世间长寿的大都是女人？都是因为女人平和的心态。她们是慈祥的老母亲，与世无争，她们是温情的好配偶，默默奉献，她们是重情感的好朋友，无怨无悔。

女人的心态，绝没有男人那种咄咄逼人的霸气，即便是所谓的女强人，也没有。女人的心态，绝没有男人那种急功近利，绝没有男人那种浮躁偏执。所以说：女人如水。

而作为如水的女人，即使你没有骄人的容颜、婀娜的身姿、丰富的内涵，哪怕你历尽生活的沧桑，但你一定要有一颗平和的心，用平和之心去感知一切事物。你要永远兴高采烈，不在乎小病小痛；也不要因为友人的一句肺腑之言，指出了你智慧的盲点而痛哭流涕、哀声结冤；即使心爱的人不能时刻陪伴在身边，你也要谅解、要能忍耐；你要平静地接受你所苦苦追求的人拒绝你时的心痛，而不要心存怨恨，更不要用恶毒的语言去对待曾经是你所渴望的、所热衷的那份感情归属于别人时带给你的彻骨心寒，而变得恼羞成怒……

🔥 因为平和，所以快乐

女人，总是女人，经常会去抱怨什么，抱怨感情的迷雾层层，生活的种种艰辛，事业的不遂人意。但实际上，我们已经拥有很多，跳出这个圈子来看，把心放宽，用最美好的泉水去清洗心灵上的尘埃，带着美丽的心情过好每一天，你会发现，你可以很女人、很优雅地生活。其实，男人和女人之间就是在角力，当你在意的时候，他往往不在意。很多事情是不能强求的，反而，懂得放手，才会得到更多。放手，不是为了得到那颗心，或者，也许意味着永远的失去，但无论如何，患得患失是最不能要的，大度一些，哪怕放手的结果是失去了，也就失去了，没有必要去强求什么，关键是我们得到了经历和过程。

自由地、正确地、开心地做每一件事情，过好每一天，才是最上上之选。每天早上起来，看着窗外的阳光，洗漱、修饰自己，穿上美丽的衣服，走出门外，带着郊游的心情，呼吸迎面拂来的微风或大风，其实都没有关系，重要的是那份心情、从心往外的那份平和。努力地去做事情，不仅仅是为了去获得财富或是其他的什么，全心地奉献自己，用自己的聪明去做每一件事情，不去渴望被认可、被表扬，甚至被发现，而来证实自己，仅仅是因为我们能够从中获得快乐，获得一份从内而外的充实和满足。

快乐是什么呢？幸福又是什么？其实，仅仅是我们内心的感受而已。它不依赖于环境，不依赖于别人的目光，无论你是处于逆境还是顺境，不论你是风餐露宿还是美食大屋，无论小人的诬陷，还是众人的仰慕，最终，这些都不会带来快乐。经常可以看到公众人物、闪亮的明星，其实，他们表面的风光下有无尽的凄楚，其不快乐远远超过常人；而同时，一些很平凡的小人物，我们分明能够看到他们脸上洋溢的幸福和满足。在我住的小区门口，有两个卖铁板烧的夫妇，每天白天加工，晚上现场烧烤，他们的收入有限，而且很辛苦，经常工作到晚上 11 点，无疑，他们的生活是清贫而艰辛的，但是，我从来没有在他们的脸上看到过任何的怨气，从来没有听到过他们恶毒的语气，就算是他们的工具被城管查抄的时候，他们也是一如既往的平和，像风雨中不屈的劲草一样。

人常说，知足者常乐。我很长时间来一直都觉得很不快乐，也对这句话不以为然，认为这是阿 Q 的想法。每天有无数的抱怨和不甘，带着怨气做事情，带着怨气做人，进入一种噩梦般的恶性循环。直到有一天，我听到了一个消息，我一个同学的先生竟然得肝癌去了，而且很突然。那是一个很年轻的男人，事业也在蒸蒸日上，仅30出头。那天，我很久不能入眠，我的脑子里面好像忽然被泉水涤过了一样，变得豁然开朗起来。原来，上帝给我们每个人的时间和机会，真的不像想象的那么多！**随时有一天，你就会永远地在这个世界上消失，那么，为什么还要带着不愉快的心情去过日子呢？为什么不抓紧每一个机会去做更多事情呢？为什么不抓紧每一秒的时间去和亲人相处，享受生活呢？**

如果你想去做一件事情，那就做吧，别顾及太多，缩手缩脚；如果你不能做什么有创造性的大事情，那么就耐心地发现身边美好的事物，从平日枯燥的，没有变化的工作中去寻找快乐吧；如果你爱上一个男人，那就对他说吧，也许会收获了一份美好的感情；如果你觉得朋友背叛了你，亲人待薄了你，也别放在心上，用宽容的心去对待他们，如同上帝对待他的子民。

🔱 平和的女人会拥有更加美丽的一生

发现你身边每一件美好的事情，看阳光、蓝天、绿地和白云，找个时间一个人去海边，去看海，认真而执著地做每一件事情，不吝惜付出感情给朋友、给男友，把每一天当做生命中最后一天来认认真真地过，你会发现，你将拥有很多很多个美好的日子，而这，就是你一生中的最大一笔财富。

做一个平和的女人吧，你会拥有更加美丽的一生。做一个平和的女人吧，你就会笑靥如花、真情如花、希望如花、生命如花。 在这个花花世界里，你的爱好就是你的方向，你的兴趣就是你的资本，你的性情就是你命运。要不怎么会有佛祖拈花而迦叶微笑，这一笑便是整个世界呢?女人,保持一颗平和的心态吧!在理解和宽容的世界里,你会有更轻松的呼吸和更新鲜的空气,你会因此而变得美丽,充满魅力。

·处事从容日月长·

从容把舵,才能战胜艰难险阻

很喜欢前越南主席胡志明的一句名言:处事从容日月长。

人生需要从容,每个人都是自己生命之舟的主人,当你驾驭生命之舟时,不可能总是一帆风顺,有时也会遇到滚滚激流或惊涛骇浪,这就需要从容把舵,才能战胜艰难险阻,才能创造美好人生。

在而今这个瞬息万变、诱惑四伏的现代社会里,更需要保持一颗清风徐来、水波不兴的平常心。耐得寂寞,善待宁静的从容,是一个人成熟的标志,是有力量的表现。

对30几岁的女人而言,保持一份从容的心态胜过任何昂贵的化妆品,因它能修心养性,从而达到美容的功效,拥有从容的心态,哪怕岁月流逝,青春不再,也不能磨灭女人的美,反而更耐看、更耐品,因这时的女人已上升到一种风范气度的境界了,让青春女孩望尘莫及……

想想看,春天来临,柳絮挣脱整整一个冬天的束缚,重获生命的激情,自由地漫天飞舞。我们何不效仿柳絮的心态,给自己一片自在从容的空间?放松的心态有助于我们从紧张中解脱出来,给予我们必要的从容镇定,让我们的身心尽可能免遭日常琐事的损害,如愿以偿地做一回真正的自己。

我们的一生,也许你曾经有过辉煌,也许你曾经跌入过低谷,可以说每一次的转折都是天上地下的差别,但是我们都要用宠辱不惊、从容镇定的心态来对待它。我们不能总是拿出女人哭的看家本事,转着圈地躲着它、逃避它,我们要用坚强与乐观的心态去战胜它,用大气量去包容它,因为只有这样才会获得真正的快乐!

🔥 人生虽有那么多无奈,还是从容地对待生活吧

也许你的生活并不富裕,也许你没有一份体面的工作;也许你正在困境中,也许你被情所弃,也许你现在下岗了,不论什么原因,请你在出门的时候,一定要把自己打份得清清爽爽、漂漂亮亮、昂起头、挺起胸,面带微笑,从容自若地面对生活。

你知道吗? 你是撑起自己的唯一,只有你自己真正精彩起来了,那才是真正的精彩和强大,女人如果无法将自己撑起,那么别人是永远撑不起你的,哪怕是你的爱人。要知道,再伟大的爱情也不可能强于自己的内心世界,爱不是生活的唯一,固然爱能使你阳光明媚,使你幸福无比,但爱毕竟难以把握,更难永恒。女人,只要你自己真正撑起来了,别人无论如何是压不垮你的,内心的强大那才是真正的强大。女人请对生活多一份热爱、多一份憧憬,不要把幸福系在别人身上,眼望着别人去生活。

当你鹤立鸡群的时候,你也许会受到同类的指指点点,但你不要在意,其实她心里正想模仿你呢。至于男人们更不会对你出众的风韵品头论足,没有男人不喜欢漂亮自信的女人。

即使你处在落魄的时候，更要注重服饰的整洁，仪表的端庄，那是美的象征，是对生活的信心，相信困难只是暂时的。马克思的夫人燕妮就给女人做了榜样，即使她处在生活最低谷的时候，她展现给人们的仍然是高贵、从容，她并没有因身处困境，就一副邋遢、畏缩的样子。

越是处在逆境的时候，越要把脊梁骨挺得直直的，脸上始终保持着灿烂的笑容，身上穿着合体的衣服，在人生的舞台上展示自我顽强的魅力。女人，你是上帝安排到这个世上来的，给滚滚红尘增添色彩的，有什么理由不把自己装扮成一道亮丽的风景呢？女人，人生虽有那么多无奈，请还是从容地对待生活吧！

🌸 从容的女人是美丽的

所以，做女人一定要从容。从容与美丽实际上有着密不可分的联系。从容地将自己收拾清爽，动静之间传达给周围的人清风般的感觉；从容地应对家庭、朋友和工作圈里的生活，让与自己相联系的人即使在紧张与浮躁的景况下，也能拥有放松和舒缓的角落……

从容的女人是美丽的。从容的女人就好像一池温泉，不管是远观的人还是浸泡在其中的人，都可以尽享惬意、温柔和恰到好处的融融温暖；从容的女人就好像森林里夹着青草味的淡淡花香，不管你是在森林里忙碌还是在静静地享受轻松，它永远都用最宽厚和不耀眼的方式调动你心里最自然、淳朴和无限美好遐想的意境。

当然，女人首先是个人，也会有坏的情绪和心境。但是，从容的女人不会借用浮躁、暴躁甚至邪恶的方式去疏导所面对的困难或挫折，反而更显沉静和有序。人们总希望用海来形容男人，事实上，海一样的包容更适用于从容的女人。

从容女人的背后潜藏的是聪明和广博。她们的从容源于对生活、对人的理解，源于对浮躁生活的勇敢的不妥协……一个男人的背后如果有一个从容的女人，他能够练就得比旁人所预料的更优秀；一个家庭的构成中如果有一位从容的女人，这个家庭也会成为理想中舒适温暖的乐园。从容的女人就似那优雅的百合花，在温室或山谷的环境中，散发恰到好处的幽香。

如果你还不能理解这种从容，你一定会觉得累。事实上，做海一样的男人会更累，他们只能进，而难以退。"男人"本身就是一个负重的名词，肩负着社会和家庭的太多欲望和要求。作为女人，则进可为人中英杰，退亦不失为依旧光彩的成就男人和家庭的背后那只手。尽管女人们通常不愿意去承认，但事实仍旧是：世界舞台的主角还是男人。很难说历史发展到今天，社会是否更显纷繁和浮躁，但是街上行人越来越匆忙的脚步和人们心中变得越来越珍贵的宁静，都日益加大了社会对从容女人的需求。男人创造世界，女人却在创造男人。从容女人的可贵之处在于真正将女人的优势发挥得淋漓尽致，成就自己、成就他人，疏导整个社会的浮躁，还以一份从容。从容的女人，是美丽的女人！

🌸 从容是来自心灵深处的至善至美

从容的女人不为日常琐事而计较，不为生活的压力而焦虑，不为现代人儿女情长的善变而烦恼忧郁。委屈时，她躲在房间品味《命运交响曲》的强劲有力；失意时，她用笔记录潮起潮落的心绪，寄给远方的亲友一同勉励；挫折面前，她告诫自己重新振作，适应新的处境；苦难面前，她命令自己跨过颓唐，去拥抱新一轮的太阳。

女人的心灵需要阳光的温暖、需要自我调整、更需要涵养修炼，心灵有一方绿地才能健康美丽。做一个从容的女人，那是来自心灵深处的至善至美，从容是一种感悟、是一种境界、是一种宁静的美丽，这种女人无论走到哪里，都是一道靓丽的风景。她们身上没有市井女人的小气和贪婪、没有高贵女人的咄咄逼人的冷漠和高傲、更没有工于心计的阴险和狡猾。那是高山流水样的豁达，那是历经风雨后彩虹样的美丽……

·女人 30 淡如菊·

🌸 淡然的女人崇尚简单的生活

都说女人 30 豆腐渣，我却以为：女人 30 淡如菊。

30 岁的女人，习惯于化淡妆，着素雅的衣服，不屑于与浅薄、浓妆艳抹的少女为伍。当然也有点嫉妒，不过那是一种居高临下的嫉妒、挑剔的嫉妒。

30 岁的女人，心跳不会有太快的频率，笑的时候只会浅浅的，哭的时候也不会大声，往往抑冲动于娴淑之中。当女人 30 岁，阳光近午，前路昭然，梦境如丝，风起云飞依旧，心灵的世界肃穆如钟。阵痛有过，泪曾化作倾盆雨……一切本是意料中的情节，思想与激情在无数的故事中沉潜，隐忍或是本能地走进一种过程。

春的花开花落使女人疲惫，四季的风花雪月让女人不堪憔悴，世事的纷乱，滚滚的红尘，磨砺着女人细腻柔软的心。淡淡的风、淡淡的云伴随着的是淡淡的梦、淡淡的情，不再有年少时的无病呻吟。这时，女人更像一杯清茶，"落花无言，人淡如菊"，煎茶闻香，养心颐性。

迈过了三十岁的人生，开始慢慢步出热烈、灿烂的青春季节，岁月不只是刻在女人的脸上，更沉淀在女人的心里。这时的女人，精神被一种淡然、从容、柔和的氛围所包围。淡然的女人崇尚简单的生活，淡淡地来，淡淡地去，少而又少的出头露面换来的是灵性的清净，对人生、对社会的宽容和不苛求，得到的是自己内心的宁静和有条不紊。淡然的女人对工作和事业努力着，兢兢业业着，足以维持体面，但不忘乎所以，女强人不是她们，因为她们知道，人生需要执著，但更重要的还是随缘。

❀ 淡然的女人最美

淡然是一种超凡脱俗的气度，是一种不被尘世牵绊的洒脱，有这种气度与洒脱的女人是美的。

淡然的女人，很少计较个人的得失与别人对自己的评价，也从不在人的背后评头论足，更不会热衷于打探与传播一些小道消息。她说话非常有趣味，似三月春风般温暖，似五月清泉般甘甜，似七月细雨般滋润。她不会追求时尚前卫，不会盲目哗众取宠，但却极有品位、衣着得体、举止端庄。淡然的女人真诚坦率、善良可人，她们不卑不亢、宠辱不惊，她们展示给人的永远是温暖的笑容、端庄的气质、丰富的内涵。

淡然的女人崇尚简单的生活，她们不会去羡慕哪个女人嫁得好，有款有车。她们也不会攀比身边的某某是否升迁提格、进职加薪，她们追求的是一种超然的生活，追求的是一份心灵的纯净。

淡然的女人在工作中勤奋努力，认真负责，技能超群，是单位不可多得的人才。她与同事相处融洽，有着极好的人缘，有着极高的威信，但她却不愿做女强人，她不追名不逐利，永远保持一颗淡定的心，是领导同事敬佩的人。

淡然的女人对待朋友豁达而宽容，总是怀有一颗坦诚的心，不计较得失，不索求回报，在朋友相聚时她不张扬、不多言、不多语，但她却永远是这个群体的核心，是朋友最信赖的人。

淡然的女人在经营家庭中，更注重的是情调与温馨，她总是把家里打理得井井有条，喜欢为心爱的人下厨，她通情达理、善解人意，生活中是个贤惠的妻子。在孩子面前童心不泯，和风细雨，是孩子心中朋友般的母亲。她是丈夫与孩子最依恋的人。

淡然的女人会在忙碌中抽出更多的时间去品味人生，去享受生活。她从不会因为家务或者年龄而怠慢自身的修养，她很懂得怎样去滋养自己。去美容院做一次保养，在休闲的时候听一曲轻音乐，在温馨的灯下读一篇散文……她是更追求情趣、更懂得浪漫的人。

淡然的女人不轻易受情感左右，但一旦遇到自己心仪的人，她则会很痴情，她可以把喜欢的人深藏在梦里，积压在心底，但她却会执著地牵挂、相思、守候……她总是寄一份淡淡的情思给对方，似一缕清风、似一首小诗、似一段轻音乐，流淌在你的心间。

淡然的女人偶尔也会有点任性，也会发点小脾气，也会无理取闹地和心爱的人吵吵嘴、撒撒娇，但她懂得收放自如，懂得适可而止。不计较的个性会让她三分钟内就可以由阴转晴，破涕为笑，她也是个很有性格的人。

淡然的女人有思想、有情趣、懂感情、懂生活，和她相处，如赏名曲，如品香茗，所以说淡然的女人是女人中的精品，淡然的女人最美。

淡淡地去爱惜自己

也许淡然的女人不是多么漂亮，但是她总有一种恬静的性格，有那么一种淡雅、有那么一种清香(女人香)弥漫周边,一如你的邻家小妹,令你呵护有加。

淡然的女人不一定很聪明,但是她很智慧;她不一定事无巨细,但很善解人意,她是使周围亲朋轻松和谐的天使。清淡的女人有一种平和的心态,生活很简单,柴米油盐酱醋茶,周而复始,但她却会用平淡的心打扮出温馨、充实的生活。

淡然的女人,总会淡然地看待生活中的事物。每个人都渴望那份轻松的心,渴望一下让自己得到舒展的释怀的地方。在生活中,你无论是笑、是哭、是悲、是喜,都可以在这样一个地方得到尽情的宣泄。恰如枯木逢春雨,久旱逢甘霖。

选择做一个淡然的女人,在穿过了岁月的风尘后,才明白世故的感叹,才淡淡地知道面对这世间的纷纷扰扰,淡淡地存在于平凡人间。

淡淡地去爱惜自己,没有世俗的圆滑,只要用善良、真诚、坦荡的心怀去品味着人生的快乐,享受那份生活带给的乐趣,让自己在忙中偷闲,修饰自己、滋养自己,用一份淡然的心境呵护自己,让笑容如阳光般灿烂,因为太阳已经高高升起于那蔚蓝色的天空之中。

淡然地面对这人生的恩怨得失,懂得宽宏和忍耐,远离种种刻薄与庸俗;让自己更加明白什么是爱、什么是不爱、什么是属于自己的、什么是不属于自己的。

淡然地拥着一份淡淡的心境,过着淡淡的日子,享受一份淡然的心境,去感受一份淡然的你我!这人世间,岂不是又一番心境在其中吗?

淡然的女人,是一本爱不释手很耐读的书。

·因为宽容，所以慈悲·

🪷 如果用"小心眼"去看问题，一定会看得越来越小

相传古代有位老禅师，一日晚间在禅院里散步，突见墙角边有一张椅子，他一看便知有位出家人违犯寺规越墙出去溜达了。老禅师也不声张，走到墙边，移开椅子，就地而蹲。少顷，果真有一小和尚翻墙，黑暗中踩着老禅师的背脊跳进了院子。

当他双脚着地时，才发觉刚才踩的不是椅子，而是自己的师傅。小和尚顿时惊慌失措，张口结舌。但出乎小和尚意料的是，师傅并没有厉声责备他，只是以平静的语调说："夜深天凉，快去多穿一件衣服吧！"

我们可以想见，听到老禅师此话后，他的弟子的心情，在这种宽容的无声的教育中，弟子的错误不是被他惩罚了，而是被教育了。

"夜深天凉，快去多穿一件衣服吧！"轻轻的一句话，看起来很容易说出，但具体落到我们每个人身上，也许就不容易了。不容易就在于我们常常认为宽容是一种软弱、是一种妥协、是一种对他人的纵容，其实，一个有分寸的人是不会被纵容的，每个人都有他自己为人处世的尺度。而一种真正的宽容来自一个人内心的力量。

幸福的女人都善于以宽容心态面对人生，因为她们懂得如果用"小心眼"去看问题，一定会看得越来越小，反而把自己引入伤悲

之中。宽容是什么？即你在大度对待别人时，别人也能大度地对待你，真正善于化解矛盾的女人才是聪明的女人。

❀ "小事糊涂，大事清楚"，拿得起放得下

有一对情侣，相约下班后去吃饭、逛街，可是女孩因为公司会议而延误了，当她冒着雨赶到的时候已经迟到了30多分钟，她的男朋友很不高兴地说："你每次都这样，现在我什么心情也没了，我以后再也不会等你了！"刹那间，女孩崩溃了，她心里在想，或许，他们再也没有未来了。

在同一个地点，另一对情侣也面临同样的处境：女孩赶到的时候也迟到了半个钟头，她的男朋友说："我想你一定急坏了吧！"接着他为女孩拭去脸上的雨水，并且脱去外套盖在女孩身上，此刻，女孩流泪了，但是流过她脸颊的泪却是温馨的感激的泪水。

你体会到了吗？其实爱、恨往往只是在我们的一念之间！

《中国式离婚》中的林晓枫，一点误会便红了眼，结果弄得自己没了人样子，连一贯秉承"心底无私天地宽"的宋建平也没了章程，苦不堪言，夜半三更宁愿在外面游荡也不愿意回家。真不知老天是怎么了，在安排给女人痴爱男人的一颗心时，为什么不给她多开一个宽容的心窍？老天真是残忍，往往只在两个人都伤了身，伤了心，那一场爱情也濒临破碎的时候，才让女人明白"攥得越紧，手中的幸福将会越少"的道理。倘若多一个宽容的心窍，想黛玉也不会那般薄命，可惜了一腔诗情画意、唯美灵魂，早早地随花飘零。

一直很喜欢"小事糊涂，大事清楚"这句谚语。如果女人都能做到对原则性问题把握清楚，处理有准则，而对无原则性的小事、看不惯的事、

不中听的话,听不见、看不见,或随听随看随忘,不斤斤计较,那可就天下太平了。

只是这大事小事的标准却不是很好把握,很多时候全看你有没有一种看得开的心态。比如说男人移情。在很多女人眼里,这都是一个绝对关乎原则的大事,是一定要弄个清楚的。可是,弄清楚又能怎样?尤其当你对那男人根本放不下的时候,你弄清楚了反而会让自己陷入绝境。既然你不想落个劳燕分飞的下场,倒不如做个糊涂女人,小事不计较,大事也宽容,生活自然会在瞬息间恢复平静。问希拉里学习吧!宽容一点,不但保住了婚姻和幸福,也保住了自己的面子。要不就向张爱玲学习,不顾及自己非凡的出身与才华,既然爱了他就连他的缺点一并爱了,也写出一封"因为懂得,所以慈悲","你将来就只是在我这里,来来去去亦可以"的情书来。谁让你爱他了,谁让你会没出息到一想到分别就肝肠寸断、涕泣不已呢。

拿得起放得下,我们才不会让自己活得累也让别人跟着累;拿得起放得下,其实说的就是宽容。宽容是对人对事的包容和接纳,是对别人的释怀,也是对自己的善待,是看透参透后的从容、自信和超然。用宽容之心包容一切出乎意料、不合己意的事情。这是女人能活得更好的大智慧。少让自己受伤,便是最大程度地爱自己。

宽容的女人一定会好福气,男人女人会因她的宽容而被她吸引并满心欢喜,再艰难的生活也会因她的宽容而阳光骤现,风雨减半。

🔥 宽容和糊涂,是人际交往的最高明的法则

宽容是一种修养,宽容是一种境界,宽容是一种美德,宽容是一种非凡的气度、宽广的胸怀;是对人、对事的包容和接纳;是对别人的释

怀，也是对自己的善待；是一种生存的智慧、生活的艺术；是看透了社会人生以后所获得的那份从容、自信和超然；是精神的成熟、心灵的丰盈；是一种仁爱的光芒、无上的福分。

宽容的女人是美丽的，这样的女人才能得到别人的尊重，女人不是因为漂亮而耀眼，而是因为美丽而动人。漂亮是与生俱来的、天生的，但美丽就不同了，它是靠后天的修养所得的一种独特的气质和涵养，而宽容就是一种高素质的修养。

人们常常用大海一样的胸怀来形容宽宏大度的人，而一个女人的宽容首先是面对丈夫的。在长期的家庭生活中，吸引对方持续爱情的最终的力量，可能不是美貌、不是浪漫，甚至也可能不是伟大的成功，而是一个人性格的明亮。这种明亮是一个人最吸引人的个性特征，而这种性格特征的底蕴在于一个女人怀有的孩童般的宽容。

当然宽容也不是没有界限的，因为宽容不是妥协，虽然宽容有时需要妥协；宽容不是忍让，虽然宽容有时需要忍让；宽容不是迁就，虽然宽容有时需要迁就。但宽容更多是爱，在相爱中，爱人应该是我们的一部分，是爱的一部分，

宽容，能体现出一个人良好的修养、高雅的风度。它是仁慈的表现，超凡脱俗的象征，任何的荣誉、财富、高贵都比不上宽容。宽容是美德，是万事万物存在的结果，宽容的背后有着心与心永久与纯洁的承诺。宽容地面对生活、面对人生，才会使自己拥有一个平静从容的生活，才能使自己活得更轻松、更洒脱。宽容别人，其实就是宽容我们自己，多一点对别人的宽容，我们的生命中就多了一点空间，宽容是一种境界。

宽容很像郑板桥说的"糊涂"。宽容和糊涂，是人际交往的最高明的法则——虽知晓却不计较，那一种涵养、那一种豁达，简直就是不入世

俗的气量和海洋般的胸怀，有了这样的胸怀，想必满心充盈着的都是远离纷争的快乐。

·别穷得只剩下虚荣·

女人天生爱虚荣

说到虚荣，印象最深的莫过于莫泊桑《项链》里的玛蒂尔德，她为了一时的虚荣而过了十年可悲的生活，"她变成了贫穷家庭里的敢作敢当的妇人，又坚强，又粗暴。头发从来不梳光，裙子歪系着，两手通红，高嗓门说话，大盆水洗地板。"虚荣让她付出了极大的代价。

是人，就有虚荣心。男人的虚荣，在于要政治地位、社会身份、财产，以及漂亮女人；女人的虚荣，似乎更关注于自身，更强调感觉。如果你说她漂亮，她会很高兴；你夸她衣服好，她会相信自己的眼光高；你说她的鞋子难看，她再也不会穿。

这就是女人。

"小姐，你真漂亮。"那个男人漫不经心地说。"是吗？谢谢！"这个女人立即喜上眉梢、容光焕发，而且竟真的漂亮起来——男人的一句甜言蜜语，成了抹在她脸上的美容霜。

以上场景是男人对女人最通用的礼仪之一。那么，男人为什么总是那么爱说甜言蜜语呢？唯一的解释是：女人爱听。对于女人来说，你可以不送她玫瑰花，但必须说她长得像张曼玉；你可以不给她钻戒，但必须说她今天的这身打扮很性感……

🔥 别为自己虚荣的后果买单

看着她跟跄地向我走来，若不是小时的印迹很深，我简直认不出来她了，我心里反复地问自己，这是她吗？真的是她吗？

她是我小学同学，又是邻居，那时我个子高，她个子矮，我长得丑，她很漂亮。

小学四年级时我搬家并转学，从那时后我见她就很少了，后来不定期去过她家里几次，看她已经出落得相当漂亮，白皙的皮肤，柳叶眉杏核眼，虽然个子依然不高而且腿有一点弯，但姣好的容貌和正值青春的好年华，真有着不可当的魅力，一度我曾在心里很嫉妒她。

后来她结婚了，找了一个在我看来挺帅的却很老实的男孩子，并且男孩子的父母也是很不错的人。再后来她离婚了，离婚是因为她自己有了外遇，被人捉奸在床，但她并没惧怕，她的理由是：老公窝囊，不能赚钱又满足不了她的虚荣。就这样她离开了那个老实巴交的男人和这个外遇的男人在一起，再后来听说她曾一度神经失常。那时听说那个男人是做买卖的，脑筋挺灵活，而我偶尔在街上看到她穿戴得很时髦。

现在，看着眼前这个臃肿不堪，脸上由于过多使用高级化妆品，眼周围留下好多脂肪豆，语无论次，神情有些恍惚的女人，眼前又幻化出她小时候和成年以后可爱美丽的样子，不知是岁月让她改变太多，还是人生的经历令她如此沧桑，我的心里禁不住深深地感叹……

这次来她是找我借房子抵押贷款，想保出她入狱老公的，我不知道她这个老公是做什么的，她结婚时我刚刚高中毕业。

当我目送她坐的车消失在我的视线里，心里涌动着一种说不出来的苦涩。回转身时，同事对我说："我认识这女的？"我就此问他："她爱人是做什么的？"他说："不告诉你！"我说："他被抓起来了，以前听说是做买卖的，你说了吧，也让我知道一下。"同事笑笑说："他男人原来是我下一届学生，是小偷，春节时我还在车站看到他！"现在我终于明白了。

回到办公室我呆呆地坐在那里，心里有一点难过，像是自言自语，又像是对我同事说："女人啊，年轻时不可太轻率、太虚荣，否则不一定什么时候就要为自己的行为买单。"

有因才有果，30 几岁的女人们一定要慎重，千万别为自己虚荣草率的后果买单！在人生的舞台，我们一直都在彩排，而这样的彩排并没有太多机会，你必须认真地扮演好每一个角色才能顺利通过。

恰到好处的虚荣心可以给你一颗不服输的心

当然，故事中的女孩失败不是单纯地因为虚荣，而是没有恰到好处地认识和运用虚荣。话说回来，这个世界上没有不虚荣的女人，也就是说，虚荣不是一种特质，只是一种反映和表达，是一种心底欲望的反映和表达。不仅女人如此，任何人都有虚荣心，不论男女，这是无法改变的人性，也就是说人人都有欲望。在过去的年代里，女人因为恐惧和其他道德原因，必须掩饰自己的欲望，而现在，欲望已经变成一种正当的需要。正是我们的这种欲望，才促使我们努力、发展进步，所谓虚荣心的强弱，其实不过是控制和掩饰自己欲望的技巧强弱而已，欲望人人都会有，可不是人人都懂得将它控制和掩饰好。因为这太难了。掩饰得好的，叫做没有虚荣心的女人；不加掩饰的，就叫虚荣心太强的女人；掩饰得不好的，就叫矫情的女人。

人的本性都想过得更好和让身边人羡慕，这就是虚荣的原动力。

请问哪个男人不喜欢看衣着光鲜的女人而偏偏喜欢衣衫褴褛的女人?哪个男人能说自己就喜欢邋遢的女人?哪个男人能说自己就喜欢文盲的女人?

当然,我并不是刻意渲染女人需要虚荣心,女人的虚荣心也应该有个度,一味地追求虚荣其结果是不言而喻。但我们不可能彻底铲除虚荣心,更不要视虚荣心如洪水猛兽。让一个从未掌握过财富的穷女人杜绝虚荣心那是不现实的,一个衣衫褴褛的女人不可能不对橱窗里的高档时装垂涎三尺。 但我们可以试图转移自己的欲望,或者升华其欲望,这一点只有真正经历过一些事的人,才可能做到。这固然跟教育有关,更和时代氛围有关。

不知道谁说的,存在即为合理。虚荣心的存在也应该有它合理的一面,我们身在江湖,怎么可能没有一点虚荣心呢?既然付出了,总是期望得到一声赞赏,如果只是甘于做默默无闻的小草,那鲜花和掌声永远与你无缘,其实即使是小草,一样也有一个花朵的梦想吧。现代人生活在信息社会,早已不是在深山中独善其身的时代了,人是社会的动物,面对强大的信息冲击,怎么可能没有一点虚荣心?**凡事都有利有弊,虚荣心并不是可怕的恶魔,恰到好处地运用你的虚荣心,不但可以使人不断进步,而且在很多时候还会给你的生活增加光彩。因为恰到好处的虚荣心可以给你一颗不服输的心。**

Amy 在外企工作了 6 年,成绩一直不错,但她却一直没有得到自己想要的位置。一年一度的公司成立庆典又临近了,Amy 决定利用这个机会吸引大家的注意力。往常公司庆典时,公司都要求员工穿着晚礼服,但除了公司中层以上的领导,员工们大多非常低调。这一次 Amy 花足了精力和财力,以一个全新的形象光彩照人地出现在庆典上,并且被评为当晚最有魅力的女性。许多原来没有注意过 Amy 的人都在打听这个人是新来的吗？一个月后，公司内部招聘客服总监，Amy 凭着光彩的外形和扎实的工作业绩顺利当选。

托尔斯泰说过："没有虚荣心的人几乎是不可能的。"恰到好处的虚荣心不仅可以令人更光彩照人，也会让人的心情更加愉快。适度的虚荣本身就是一种积极的心理暗示，它不但能让我们的心情变好，更能刺激我们用行动填满我们夸下的海口、完成纷繁的工作。只要正确对待虚荣心，它就会成为我们前进的动力。

嫉妒是一把"双刃剑"

🔥 好嫉妒的女人总是 40 岁的脸上就写满 50 岁的沧桑

有一个女人，非常嫉妒她的邻居，她的邻居越是高兴，她越是不高兴；她邻居的生活过得越好，她越是不痛快；她每天都盼望她的邻居倒霉，或盼望邻居家着火，或盼望邻居得什么不治之症，或盼望下雨天雷能窜进邻居家，劈死一两个人，或盼望邻居的儿子夭折……然而每当她看到邻居时，邻居总是活得好好的，并且微笑着和她打招呼，这时她的心里就更加不痛快，恨不得给邻居的院里扔包炸药，把邻居炸死，但又怕偿还人命。就这样，她每天折磨自己，身体日渐消瘦，胸中就像堵了一块石头，吃不下也睡不着。

终于有一天她决定给她的邻居制造点晦气。这天晚上她在花圈店

第十章 心态归于平和，才能快乐生活

里买了一个花圈，偷偷地给邻居家送去。当她走到邻居家门口时，听到里面有人在哭，此时邻居正好从屋里走出来，看到她送来一个花圈，忙说："这么快就过来了，谢谢！谢谢！"原来邻居的父亲刚刚去世，她顿觉无趣，"嗯"了两声，便走了出来。

这个故事中的主人就是出于嫉妒，把自己置于心灵的地狱之中，折磨自己。但折磨来折磨去，却一无所得。

嫉妒是心灵的地狱。嫉妒的女人总是拿别人的优点来折磨自己。德国有一句谚语："好嫉妒的人会因为邻居的身体发福而越发憔悴。"所以，好嫉妒的女人总是 40 岁的脸上就写满 50 岁的沧桑。

嫉妒源于自己那颗不自信的心

曾经一直以为自己幸福快乐的燕子感觉自己不再快乐，原因是她碰到了一个比她更幸福的人。

燕子大学毕业后顺利地考上了公务员，不久与在机关工作的同事结了婚。两个端铁饭碗的小夫妻，让人羡慕不已。

可是，一天逛街的时候，燕子看见了大学同学林子。林子在学校的时候，跟她算得上是好朋友，两人条件差不多，成绩也差不多，自从毕业后就渐渐地失去了联系。这次，她看到的林子已经不是以前的林子了，她开着自己的宝马车，戴着一副墨镜，很神气的样子。

看着红光满面的林子神采飞扬地驱车远去，本来自我感觉良好的燕子，心里突然感觉酸酸的。

接下来，又一次无意中，她在购物中心碰到了林子，林子正在试穿一件裘皮大衣。那件衣服典雅大方，无论是工艺、材质，还是品牌，最重要的是价格，都是燕子可望而不可即的。"给我包起来吧，刚刚试过的衣服，我都要了！"燕子进去跟她打招呼的时候，林子正这样对营业员说。

天啊！那些衣服的价钱，足够燕子半年的工资了。她只是随意试试就都买下来了。

林子的举动深深地打击了燕子。林子邀燕子到自己家中玩，燕子没有去，她觉得自己在林子面前，有一种灰溜溜的感觉。

回家后，她越想越不是滋味。本来大家都在同一起跑线上的，现在却有着天壤之别，她心中的那份失落就甭提了。沮丧、烦恼、失落突然间占据了燕子的心。

接下来的日子里，燕子的眼前总有林子的影子。她也不知道自己为什么突然对林子的事情特别感兴趣，特别是林子的隐私。终于，她发现了一条让自己很得意的线索，林子以前被一个结了婚的香港富人包养，后来与富人的妻子大打出手，两人结束了包养关系。现在做生意的这些资本大概是那个时候的包养费吧。

以后只要见到大学的同学，燕子都会很有兴趣地把自己对林子的分析讲给同学们听，甚至恶语中伤："她有什么可神气的，不就是把自己卖了，赚了点儿钱吗？"

一时间，关于林子的流言蜚语在同学们嘴里传开了。燕子听到这些流言的时候，感觉心里得到了些许的平衡。

或许你有这样的感觉，别人的成功、别人的幸福、别人的春风得意，让你突然感觉到很失落，即使你表面上比较平静，但内心同样是波涛汹涌，感觉有一种无形的东西被摧毁了。

这就是悄悄在你内心滋生的嫉妒之情。在生活中，我们与别人总是有差别，有差别便自然会有比较，有比较就难免会有嫉妒之心。就像培根说过一句话，"嫉妒永远不休假"。

你可以羡慕，但不可以嫉妒。上学的时候，老师给我们讲了羡慕和嫉妒的区别。羡慕是看到别人拥有的，希望自己也拥有，是一种积极向上的精神；而嫉妒则是对比自己好的人，心怀憎恨之情。古人说"心贼最为灾"。一个多么聪明的人，如果染上"嫉妒"的病毒，其所作所为就容易失去理智。

细细想来，嫉妒能让我们得到什么？打击了那些比我们成功的人，我们就能获得成功吗？中伤了那些比我们幸福的人，我们就能获得幸福吗？

说到底，嫉妒源于自己那颗不自信的心。在这个世界上，有很多人生活得比你好，比你富有，但是，每个人都有自己的幸福，你也有他人没有的快乐。与其嫉妒别人，不如享受自己的幸福，做好自己的事情！

🔥 聪明的女人善于合理利用嫉妒来奋发进取

因为嫉妒让人心灵变得隐晦，所以，它是影响女人快乐的最大的心理缺陷。

但聪明的女人对待嫉妒，会合理地调整自己的心态，减弱或消除嫉妒带来的不愉悦，不会把精力和时间放在无为的嫉妒中消耗自己。

只有笨女人才受嫉妒的左右，主动或被动地处于所愿不遂的嫉妒情绪的煎熬之中，处处以损害别人来求得满足。

嫉妒是人性最大的弱点，嫉妒本身不能为当事人带来愉悦的心情，没有人能够持久地忍受它。所以，迫使嫉妒心强的人对当事人采取主动或被动、积极或消极的某些行动，至少在言论上也要攻击或破坏对方，才能缓解嫉妒带来的不平衡心理。

但，嫉妒又是一把"双刃剑"，积极的嫉妒心理可升华为良性竞争

行为,必然会产生自尊、自爱、自强的意识。使嫉妒者奋发进取,努力缩小与被嫉妒者之间的"状态差"。借嫉妒心理的强烈超越意识,发奋努力,积蓄自己大量的精力、时间、智慧去追求和实现自己更高的目标。

　　每个女人,心里承载着过多的压力,来自于工作上和生活上的,所以更没有必要让嫉妒侵占心灵,徒增烦恼。希望 30 几岁的女人们,克服性格上的弱点,唤醒积极的嫉妒心理,做一个心胸开阔的、快乐的女人。